C++

高明亮◎编著

从入门到精通

中国商业出版社

图书在版编目（CIP）数据

C++从入门到精通 / 高明亮编著. -- 北京 ： 中国商业出版社，2023.1
ISBN 978-7-5208-2377-7

Ⅰ．①C… Ⅱ．①高… Ⅲ．①C++语言－程序设计 Ⅳ．①TP312.8

中国版本图书馆 CIP 数据核字（2022）第 225528 号

责任编辑：滕　耘

中国商业出版社出版发行

（www.zgsycb.com　100053　北京广安门内报国寺 1 号）

总编室：010-63180647　　编辑室：010-83118925

发行部：010-83120835/8286

新华书店经销

三河市京兰印务有限公司印刷

*

710 毫米 ×1000 毫米　16 开　18 印张　400 千字

2023 年 1 月第 1 版　2023 年 1 月第 1 次印刷

定价：88.00 元

＊ ＊ ＊ ＊

（如有印装质量问题可更换）

前　言

本书用简洁的语言和丰富的实例深入浅出地讲解 C++ 编程知识，让大家掌握 C++ 的基本语法和编程规则，掌握面向过程和面向对象的编程思想，能够利用 C++ 编写和开发程序、项目，为以后进一步的学习和应用打下良好的基础。

计算机语言指的是计算机可以识别的语言，用来描述、解决计算机问题。应用计算机语言可以生成计算机的指令和程序。指令是能被计算机识别并执行的二进制代码，程序则由很多指令组成，所有由这种指令组成的语言都叫作机器语言。

20 世纪 80 年代比较流行结构化程序设计方法。它的设计思路是自上而下、逐步细化，将程序结构按功能分成多个模块，每个模块都是由顺序、选择和循环 3 种基本结构组成，并且还可以分成多个次级模块。这样就形成了一个树状结构，各个模块间的关系更简单化，功能上也相对独立。这种方法的好处是：将一个复杂的程序设计问题分成了很多个简单、细化的子问题，更便于开发与维护。

本书系统讲述了从入门到精通所必需的相关知识。全书共 11 章，主要分为三大部分。

第一部分（第 1 章）主要介绍 C 语言与 C++ 语言的基本概念。

第二部分（第 2 章到第 4 章）为 C 语言部分，主要介绍 C 语言的基本数据类型、运算符和表达式（第 2 章）；面向过程思想的程序设计方法，包括程序结构设计与控制方法、预处理命令和 C 语言操作（第 3 章）；函数的定义和函数模板使用方法（第 4 章）。

第三部分（第 5 章到第 11 章）为 C++ 语言部分。主要介绍类和对象的基本概念、定义方法（第 5 章）；对象的初始化和析构方法、对象数组和指针、静态成员和友元等（第 6 章）；第 7 章和第 8 章分别介绍了类的继承和多态性；第 9 章可以看作类的多态性的一种表现（静态多态性），主要介绍运算符重载的规则和方法；第 10 章重点介绍 C++ 的输入和输出；第 11 章重点讲解 C++ 命名空间和异常处理机制。

本书三个部分内容密切联系，第一部分和第二部分是第三部分的基础。在第二部分内容中穿插了类的概念和定义方法，讲解类和结构体的区别，提前为第三部分的引入做铺垫。

全书以 C++ 的语法、语句结合编程实例的方式来讲解知识点，在讲解过程中突出面向过程和面向对象的编程思想，采用"提出概念 — 举例说明 — 分析程序"的思路，由浅入深逐步展开，逐一化解难点，符合初学者的学习认知规律。本书力图以通俗易懂的方式来解析程序运行的原理和机制，适合初学 C++ 编程的读者和希望提升技能的初级程序员。

由于个人能力有限，且时间仓促，书中难免有疏漏之处，敬请各位读者批评指正。

高明亮

2022 年 5 月 于山东理工大学

目录

Ⅰ

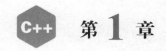

第 1 章

C 语言与 C++ 语言概述

1.1　C 语言概述

C 语言是一门面向过程的计算机编程语言，由丹尼斯·里奇（Dennis Ritchie）在贝尔实验室为开发 UNIX 操作系统而发明设计。C 语言最先实现于 DEC PDP-11 计算机。1978 年，布莱恩·柯林汉（Brian Kernighan）和丹尼斯·里奇提出了 C 语言首个公开可用的描述，后来被称为 K&R 标准。如今，UNIX 操作系统、C 语言编译器和大部分 UNIX 应用程序都能用 C 语言编写。可以说，C 语言是一门在全世界被广泛应用的专业语言。

C 语言被广泛应用是基于以下优点：功能丰富、表达能力强、使用方便灵活、程序执行效率高、应用领域广、可移植性好等。因此，在操作系统、驱动和应用软件的开发方面受到开发人员的青睐。但是这种语言的缺点在于：数据和处理数据的方法各自独立，如果数据结构改变，所有相关的方法都要改变。

可以说，C 语言在计算机编程语言中具有举足轻重的地位，也是学习其他高级语言的基础，学习 C 语言是打开编程世界大门的必经之路。

1.2　从 C 语言到 C++ 语言

1979 年，贝尔实验室的 Bjarne Stroustrup 在 C 语言的基础上，设计开发出了 C++ 语言。C++ 语言是对 C 语言的扩充和完善，它最初被命名为"带类的 C"，1983 年更名为"C++"。

C++ 作为一门编程语言，它的特点如下：静态类型、编译式、通用、区分大小写、编程语言不规则、支持过程化编程、面向对象编程和泛型编程等。C++ 综合了高级语言和低级语言的特点，因此也被称为中级语言。它是 C 语言的一个超集，一切合法的 C 程序也是合法的 C++ 程序。

　　C++ 是面向对象的程序设计语言，对象和类是 C++ 最重要的两个概念。对象可以看作是类定义的变量，每个对象都是描述客观存在的事物的一个实体，都是由数据和方法（也可以叫作属性和行为）构成。属性是描述事物特征的数据，行为描述对对象属性的一些操作。类是具有相同属性和行为的一些对象的集合，它为所有属于这个类的对象提供抽象的描述。

　　C++ 在面向对象程序设计时，具有面向对象开发的四大特性：抽象、封装、继承、多态。抽象包括两个方面，一是数据抽象，二是过程抽象。数据抽象关注目标的特性信息；过程抽象关注目标功能，而非功能如何实现。封装，是指将实例抽象得出的数据和行为（或功能）封装成一个类。在继承中，被继承的类叫父类（或基类），继承后的类叫子类（或派生类）。继承指的是子类继承父类，子类拥有父类的所有属性和行为。多态是在不同继承关系的类对象中调用同一函数，产生不同的行为。多态性提高了程序的灵活性。

1.3　入门的 C 程序和 C++ 程序

1.3.1　入门的 C 程序

　　【例 1.1】实现输出一串单词的功能。

　　相应代码如下：

```
#include <stdio.h>              // 预处理指令
int main()                      // 程序在此处开始执行
{
    printf("Hello China!\n");   // 输出 Hello China!
    return 0;
}
```

　　程序运行结果为：

```
Hello China!
```

　　知识点拨： 在例 1.1 代码中，第 1 行为预处理指令，格式为 "#include <stdio.h>"，其中 "<stdio.h>" 文件是 C 编译器编译前必须具有的。第 2 行的 "int main()" 为主函数，代表程序开始执行。对代码进行单行注释时用 "//"。如果为多行注释，则用 " /* 注释内容 */"。"printf()" 为格式输出函数，作用是输出结果。"return 0" 代表程序结束，返回值为 0。

1.3.2　入门的 C++ 程序

【例 1.2】实现输出一串单词的功能。

相应代码如下：

```
#include <iostream>
using namespace std;
int main()                    // 程序在此处开始执行
{
    cout << "Hello China!";   // 输出 Hello China!
    return 0;
}
```

程序运行结果为：

```
Hello China!
```

知识点拨： C++ 语言中有已经定义好的头文件，它们包含必需的信息。在上述代码中，包含头文件语句为 "#include <iostream>"。"using namespace std" 代表使用 std 命名空间。命名空间可作为附加信息来区分不同库中相同名称的函数、类、变量等。"cout << "Hello China!"" 可类比 C 语言中的 "printf()" 函数，其作用是输出结果。

1.4　程序开发过程

1.4.1　分析问题

提出有价值的问题，从根本上分析问题的需求，从而提出可行的解决方案，用合适的工具描述问题（可以选择适当的数学模型）。一般分析问题时使用自然语言或流程图来描述问题的算法和逻辑。

1.4.2　编辑程序

用分析问题阶段得出的算法编写 C++ 程序，使用编辑器将源程序写进文件中，其文件扩展名为 ".cpp"。

1.4.3　编译程序

对编辑完成的 C++ 程序进行编译，产生目标程序，其文件扩展名为 ".obj"。

1.4.4 连接程序

一个或若干个目标程序与库函数连接完成后，产生可执行程序，其文件扩展名为
".exe"。

1.4.5 运行并调试程序

运行可执行文件，查看运行结果，如存在错误，则进行调试、修改，直至程序被
正确执行。

程序开发过程如图 1-1 所示。

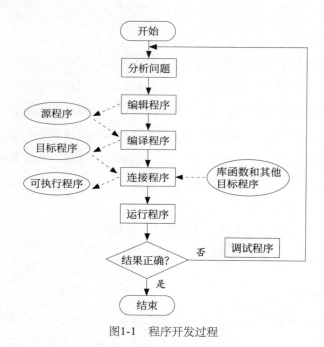

图1-1　程序开发过程

本章习题

1. C 语言和 C++ 语言的关系是什么？
2. C++ 语言的特点有哪些？
3. 请用 C 语言和 C++ 语言分别输出汉字："你好，中国！"

第 **2** 章

数据类型、运算符和表达式

2.1 常量与变量

2.1.1 常量

在 C 语言中，常量是指程序运行过程中不发生改变的量。常量包括所有基本数据类型，如整数常量、字符型常量、枚举常量等。常量在定义完成后就不能进行修改了。

（1）整数常量，如 2、−1、0213（八进制）、0x4b（十六进制）。

（2）浮点数常量，如 3.1415926、−1.3。

（3）字符型常量，如 "'x'" "'a'"。

（4）字符串常量，如 ""hello world"" ""student""。

在 C 语言中，也有一些特定的字符，它们前面有反斜杠（\）时，具有特殊含义。一些常见的转义序列如表 2-1 所示。

表2-1 常见的转义序列

转义序列	含义
\\	\字符
\'	'字符
\"	"字符
\?	?字符
\b	退格符
\f	换页符
\n	换行符
\r	回车符

定义常量的常用方法有以下两种。

1. 使用"#define"预处理器

格式：#define identifier value

【例 2.1】已知图形的长和宽，求图形面积。

相应代码如下：

```
#include<stdio.h>
#define LENGTH 8                              // 宏定义常量
#define WIDTH 4
int main()
{
    int area;
    area=LENGTH*WIDTH;                        // 求面积
    printf(" 矩形的面积为 : %d\n",area);        // 输出面积
    return 0;
}
```

程序运行结果为：

矩形的面积为 : 32

知识点拨：在例 2.1 的代码中，"#define"命令行定义的变量代表常量，在后面的程序中，WIDTH 表示的值始终不变。

2. 使用 const 关键字

格式：const type variable=value;

【例 2.2】利用 const 关键字求图形面积。

相应代码如下：

```
#include <stdio.h>
int main()
{
    const int LENGTH=8;                       // 定义常量
    const int WIDTH=4;
    int area;
    area=LENGTH*WIDTH;                        // 求面积
    printf(" 矩形的面积为 : %d",area);          // 输出面积
    return 0;
}
```

程序运行结果为：

矩形的面积为 :32

知识点拨：在例 2.2 的程序中，"const"并不是去定义一个常量，而是去修改一个变量的存储类，把该变量所占用的内存改为只读。

3. 两种方法的区别

（1）编译器处理方式不同：使用"#define"预处理器时的宏在预处理阶段起作用；使用 const 关键字下的常量在编译运行阶段起作用。

（2）类型和安全检查不同：使用"#define"预处理器时的宏没有类型，只是简单的字符串替换，不做任何类型的检查；使用 const 关键字下的常量有具体的类型，在编译阶段会执行类型的检查，避免出现一些低级错误。使用 const 关键字可以节省空间，避免不必要的内存分配。

2.1.2　变量

C 语言中的变量指的是程序在可操作的存储区的名称。每个变量都有特定的类型，类型决定了变量存储的大小和布局。

变量的命名格式：数据类型　变量名；

数据类型表示存储什么类型的数据就定义什么类型的变量。例如：存储整数时，数据类型定义为 int 型；存储小数时，定义为 float 型或 double 型；存储字符时，定义为 char 型。

变量名即给变量命的名，是字母、数字、下划线的组合，通常用字母命名。

1. 命名变量时的注意事项

在进行变量命名时要注意以下几点。

（1）变量名必须以字母或下划线开始，不能以数字开头。在实际编程应用中，常用字母作为变量开头，以下划线开头的变量名一般是系统专用变量名。

（2）变量名中的字母区分大小写，如 c 和 C 代表不同的变量，age 和 Age 也代表不同的变量。

（3）用变量名命名时要避开 C 语言的关键字，如 main、if、else、for 等。

（4）变量名中不能有空格，可以这样理解：因为变量名是字母、数字、下划线的组合（前面解释过），所以没有空格这一项。

2. 常见的变量类型

常见的变量类型如下。

（1）char：通常是 1 个字节（8 位），为整数类型。

（2）int：整型，4 个字节，取值范围为 −2147483648 到 2147483647。

（3）float：单精度浮点值。格式为：1 位符号，8 位指数，23 位小数。

（4）double：双精度浮点值。格式为：1 位符号，11 位指数，52 位小数。

（5）void：表示类型缺失。

3. C 语言中变量的声明

（1）int：建立存储空间，如"int i // 声明是定义"。

（2）extern：不需要建立存储空间，如"extern int i // 声明不是定义"。

【例 2.3】修改变量，求图形的面积。

相应代码如下：

```
#include <stdio.h>
int main()
{ int area;
    int length=8;                          // 声明变量
    int width=4;
    length=7;                              // 修改变量
    area=length*width;                     // 计算变量
    printf(" 矩形的面积为：%d\n",area);    // 输出面积
    return 0;
}
```

程序运行结果为：

矩形的面积为：28

知识点拨：在程序中，变量的值可以在程序体中声明赋值，也可以只进行声明，在后续程序中对变量的值进行操作。在上面的实例中，分别对 length 和 width 进行了声明赋值，后续对 length 值进行了修改。

2.2 基本数据类型

2.2.1 整型数据

整型（Integer）数据是不包含小数部分的数值型数据。整型数据只用来表示整数，以二进制形式存储。其类型如表 2-2 所示。

表2-2 整型数据的类型

类型	存储大小	取值范围
char	1字节	−128~127或0~255
int	2字节或4字节	−32768~32767或−2147483648~2147483647
short	2字节	−32768~32767
long	4字节	−2147483648~2147483647

整型数据类型的格式：

（1）十进制数：没有前缀，其数码为 0~9。如 125、264、-568。

（2）八进制数：前缀必须以 0 开头，码码为 0~7。如 032（十进制为 26）、0113（十进制为 75）、020564（十进制为 8564）。

（3）十六进制数：前缀必须是 0X 或 0x，数码为 0~9、A~F、a~f。如 0x18(十进制为 24)、0X2A（十进制为 42）、0xFFFF（十进制为 65535）。

（4）整数的后缀：可以用后缀 "L" 或 "l" 来表示长整型数。示例如下。

十进制长整型数：100L（十进制为 100）、10000L（十进制为 10000）。

八进制长整型数：012L（十进制为 10）、077L（十进制为 63）。

十六进制长整型数：0X15L（十进制为 21）、0XA5L（十进制为 165）。

【例 2.4】对变量进行赋值运算。

相应代码如下：

```
#include <stdio.h>
int main()
{
    int a,b,c,d;
    unsigned u;
    a=10;b=-23;u=10;
    c=a+u;d=b+u;
    printf("a+u=%d,b+u=%d\n",c,d);
    return 0;
}
```

程序运行结果为：

```
a+u=20, b+u=-13
```

知识点拨： 在例 2.4 中，定义了 a、b、c、d 4 个整数变量及 1 个无符号型整数变量。然后对 a、b、u 进行赋值操作，通过运算符计算 c、d 的值。最后，程序输出结果"a+u=20，b+u=-13"。

无符号型整数变量能够根据赋值运算匹配类型，如上述实例中"u=10"，无符号型整数变量自动匹配成 int 类型进行后续运算。

注意： 在定义数值变量的同时，也要注意类型的取值范围，如果数值超过了该类型的范围，会造成数据溢出。

【例 2.5】下面程序为数据溢出的实例。

相应代码如下：

```
#include <stdio.h>
int main()
{
```

```
        int a,b;
        a=2147483647;
        b=a+1;
        printf("%d,%d\n",a,b);
        return 0;
}
```

程序运行结果为：

```
2147483647, -2147483648
```

知识点拨： 例 2.5 的程序定义了 a、b 变量，经过数值运算后的运行结果为 b=-2147483648。该例题中未注意 int 类型能够存储的最大值为 2147483647，结果超过了最大值，故造成数值溢出。

2.2.2　字符型数据

1. 字符型常量

字符型常量即为单个 ASCII 码字符，在程序里面用单引号括起来，如 "'a'" "'b'" "'+'" "'?'" 等。

转义字符是指以反斜杠（\）开头，2~4 个字符的序列。

C 语言还支持数字形式表示的转义字符。

（1）"'\qqq'" 代表 ASCII 码值为八进制数 qqq 的字符，其中的 qqq 可以是 1~3 位的数值，为八进制数。

（2）"'\xhh'" 代表 ASCII 码值为十六进制数 hh 的字符，其中的 hh 可以是 1~2 位的数值，为十六进制数。

2. 字符型变量

字符型变量是存放字符型常量的变量，取值为字符常量，即单个字符，其类型说明符是 char。定义形式为：

```
char 标识符 1, 标识符 2,…, 标识符 n;
```

例如：

```
char ch1,ch 2,…,ch n; ch1='A';
```

字符类型数据在内存中是以二进制 ASCII 码形式存储的，长度为 1 个字节。在 ASCII 表中，65~90 表示 26 个按顺序排列的大写英文字母，97~122 表示 26 个按顺序排列的小写英文字母。例如：67 对应大写英文字母 C，111 对应小写英文字母 o。

2.2.3　实型数据

1. 实型常量

实型常量就是实数（浮点数），比如十进制小数，如 3.1415926、−3.1415926，或者十进制指数形式（科学计数法），其一般形式为尾数部分 e 阶码。例如：$1.23456e^3$ 和 $−1.23456e^{−3}$，分别代表 $1.23456×10^3$ 和 $−1.23456×10^{−3}$。

2. 实型变量

在程序运行过程中，可以改变其值的实型量称为实型变量。C 语言将实型数据进一步划分为单精度实型、双精度实型和长双精度实型 3 种类型。实型数据的类型及相关属性如表 2-3 所示。

表2-3　实型数据类型及相关属性

类型名称	类型标识符	长度/bit	有效数字	取值范围
单精度实型	float	32	6~7位	$−3.4×10^{−38}$~$3.4×10^{38}$
双精度实型	double	64	15~16位	$−1.7×10^{−308}$~$1.7×10^{308}$
长双精度实型	long double	80	18~19位	$−3.4×10^{−4932}$~$3.4×10^{4932}$

实型数据在内存中是以二进制指数形式存储的，通常采用 IEEE 754 标准中的浮点数格式。

【例 2.6】下列为产生精度误差的实例。

相应代码如下：

```
#include <stdio.h>
int main()
{
    float x;                        // 定义了单精度类型的 x
    double y;                       // 定义了双精度类型的 y
    x=456.4567844841184189;        // 赋值
    y=789.1234541056161516;
    printf("x=%.20f\n",x);         // 保留 20 位小数
    printf("y=%.20f\n",y);
    return 0;
}
```

程序运行结果为：

```
x=456.45678710937500000000
y=789.12345410561613000000
```

知识点拨： 由例 2.6 可知，单精度实型会产生一定的误差，而双精度实型的误差小一些。因此，在程序设计中，应当根据计算的实际需求选择合适的实型类型。

2.3 数据的组合类型

2.3.1 数组类型

C 语言支持数组数据结构，即通过数组存储一个顺序集合，集合内的元素具有固定大小且具有相同的数据类型。数组可分为一维数组和多维数组。如果某个数组的维数不止 1 个，就被称为多维数组。本书的讲解以一维数组和二维数组为例。

1. 一维数组

一维数组的定义格式：

```
类型通配符 数组名 [ 数组长度 ];
```

例如：

```
int a[10];
```

该语句定义了一个数组名为 "a" 的一维数组，该数组包含 10 个 int 类型的数组元素，即 "a[0],a[1],a[2],…,a[9];"。

数组是内存连续的一个整体，即数组元素之间紧挨，各个元素间不能空格。

下面便演示了 "int a[4];" 在内存中的存储情形：

a[0]	a[1]	a[2]	a[3]

数组定义时应注意以下几点。

（1）C89 标准中不能定义变长数组，而在 C99 标准中能够定义变长数组。变长数组定义如下：

```
int n;
scanf("%d",n);
int a[n];
```

在该代码中，先定义了 int 类型的 "n"，然后由控制台接收用户输入的整数 "n"，将接收的 "n" 作为数组的长度传给了数组 "a"。但在实际编程应用中，推荐在进行数组定义时就定义长度。

（2）不能对数组元素进行越界操作。

例如：

```
int a[10];
a[10]=124;
```

这种写法是错误的，在定义 "a" 数组时长度为 10，数组 "a" 中不存在 "a[10]" 这个元素，此时赋值越界。

一般可以在定义一维数组的同时给数组元素赋初始值，也称为数组元素的初始化。以下是数组初始化的几种形式。

（1）给全部元素赋值，如 "int a[5]={1, 2, 3, 4, 5};"。

（2）给数组中的部分元素赋值，如 "int a[5]={1, 2, 3, 4};"。没有经过赋值的数组元素，数组会默认填补为 0。

（3）在初始化数组时，也可以不指定数组的长度，如 "int a[]={1,2,3,4,5};"，系统会根据初始值的数量自动确定数组的长度。

【例 2.7】输出斐波那契数列。

相应代码如下：

```
#include <stdio.h>
int main()
{
    long int f[10]={1,1};              // 将斐波那契数列的前两项存入数组中
    int i;
    for(i=2;i<=9;i++)
    {
        f[i]=f[i-2]+f[i-1];            // 将求出的第 i 项存入数组中
    }
    for(i=0;i<=9;i++)                  // 使用循环输出数据
    {
        printf("%4ld",f[i]);           // 每个数据占列
    }
    return 0;
}
```

程序运行结果为：

```
1 1 2 3 5 8 13 21 34 55
```

知识点拨： 例 2.7 的代码的作用是输出斐波那契数列的前 10 个数。斐波那契数列的规则为：前两项为 1，后面的数字为其前两项的和。如果用常规的编程思路，很难编写出既简单又可行的程序，需要使用递归的设计思路。数组就满足了该要求，通过将数据存入数组，然后提取出来调用，这样便轻松解决了问题。

【例 2.8】输出一个月中的天数。

相应代码如下：

```
#include <stdio.h>
int main()
{
    int year,month;
    int month_day[13]={0,31,28,31,30,31,30,31,31,30,31,30,31};
    printf(" 请输入年份和月份 ( 使用空格分隔 ):");
    scanf("%d%d",&year,&month);                    // 在控制台输入年份和月份
```

```
        if((year%4==0)&&(year%100!=0)||(year%400==0))      // 判断是否为闰年
        {
            month_day[2]=29;
        }
        printf(" 该月份的天数为 :%d\n",month_day[month]);
        return 0;
}
```

程序运行结果为：

```
请输入年份和月份 ( 使用空格分隔 ) : 2021 7
该月份的天数为 :31
```

知识点拨： 例 2.8 中将每个月份的天数存储到数组 "month_day" 中，2 月的天数暂时存为 28 天。在程序中判断输入的年份是否为闰年，若结果为真，则将 2 月的天数修改为 29 天，然后根据控制台输入的 "month"，输出数组中对应 "month" 的值。

2. 二维数组

二维数组相当于数学中的矩阵，包含了若干行、若干列。

定义格式为：

类型说明符号 数组名 [行数][列数];

例如：

int a[3][3];

该代码便是创建了一个 3 行 3 列的数组。

二维数组的初始化和一维数组的初始化基本一致，但要注意的是：在二维数组的初始化中，二维数组的行数可以省略，但列数不能省略。例如：

int a[][3]={{1, 2, 3},{4, 5, 6}};

【例 2.9】 实现一个 4 行和 3 列的数组转置。

相应代码如下：

```
#include <stdio.h>
#define N 4
#define M 3
int main()
{
    int i,j,k,m[N][M],n[M][N];
    for(k=1,i=0;i<N;i++)
    {
        for(j=0;j<M;printf("%3d",m[i][j++]=k++));
        putchar('\n');
    }
    printf(" 转置后为 :\n");
    for(i=0;i<M;i++)
    {
        for(j=0;j<N;printf("%3d",n[i][j]=m[j++][i]));
```

```
            putchar('\n');
    }
    return 0;
}
```

程序运行结果为:

```
1 2 3
4 5 6
7 8 9
10 11 12
转置后为:
1  4  7  10
2  5  8  11
3  6  9  12
```

知识点拨: 例 2.9 的程序定义了两个数组行列对换的数组 "m[4][3]" 和 "n[3][4]"。先通过循环语句对数组 m 赋值,然后将 m 的各行赋给 n 的各列。该程序涉及了许多之前没见过的语句,在后面的学习中,本书会逐步讲解。其中,循环语句的使用将在 3.4 中讲解,自增运算符 "++" 将在 2.5.13 中讲解。

2.3.2 结构体类型

如果要存储一名学生的姓名、年龄、成绩这 3 项数据,在 C 语言中,可以通过定义 3 个独特的变量实现。

```
char name[10];
unsigned short age;
float score;
```

显然,这种方式无法体现数据之间的关联性。对此,我们引入了结构体变量。结构体是一组相关变量(或数组)的集合,而且这组变量的类型可以互不相同。组成结构体的变量也称为结构体的成员。

结构体变量的定义格式:

```
struct
{
    类型通配符 成员名 1;
    类型通配符 成员名 2;
    ……
    类型通配符 成员名 n;
} 变量表名;
```

例如:创建一个学生的结构体变量。

```
struct
{
    char num[15];
    char name[20];
```

```
      char sex[3];
      int age;
      char addr[25];
 } str1,str2;
```

1. 结构体类型标识符的定义

为了便于在程序中的不同位置引用同一个结构体类型，可以定义一个标识符来代表这种结构体类型。这样可以在定义结构体变量的同时定义结构体类型标识符；也可以先定义结构体类型标识符，再定义结构体变量。

（1）在定义结构体变量的同时定义结构体类型标识符。其一般格式为：

```
struct 结构体类型标识符
{
      类型通配符 成员名 1;
      类型通配符 成员名 2;
      ……
      类型通配符 成员名 n;
} 变量名 ;
```

（2）先定义结构体类型标识符，再定义结构体变量。其一般格式为：

```
struct 结构体类型标识符
{
      类型通配符 成员名 1;
      类型通配符 成员名 2;
      ……
      类型通配符 成员名 n;
};
struct  结构体类型标识符 变量名 ;
```

2. 定义结构体类型的说明

可以将 struct 结构体类型标识符作为类型标识说明符，也可以将结构体类型标识符直接作为类型说明符使用。例如：可以将 "struct Student st1,st2" 简写为 "Student st1,st2"。

一个结构体的成员除了可以是变量、数组之外，还可以是另外一个结构体，即结构体可以镶嵌定义。

例如：

```
struct date
{
      int year;
      int month;
      int day;
};
struct person
{
      char num[20];
```

```
    char name[20];
    struct date birthday;
} per1,per2;
```

也可以按照如下格式定义：

```
struct person
{
    char num[20];
    char name[20];
    struct date
    {
        int year;
        int month;
        int day;
    } birthday;
} per1,per2;
```

此处的结构体类型"person"的成员"birthday"也是一个结构体。

2.3.3　共用体类型

共用体作为一种特殊的数据类型，把几种不同的数据类型的变量存放在同一块内存里。共用体中的变量共享同一块内存，提供了一种使用相同内存位置的可行方式。

定义共用体的格式如下：

```
union 共用体类型标识符
{
    类型通配符 成员名 1;
    类型通配符 成员名 2;
    ……
    类型通配符 成员名 n;
} 共用体成员表列 ;
```

同一个内存段可以用来存放几种不同类型的成员，在存入一个新的成员后，原有的成员就失去了作用。因此，在引用共用体变量时，应注意当前存放在共用体变量中的到底是哪个成员。下面定义一个名为"Data"的共用体类型：

```
union Data
{
    int i;
    float f;
    char str[20];
} data;
```

共用体类型变量可以在同样的内存位置下存储多种数据类型，包括整型、浮点型或字符串型，按照实际情况，一个共用体占用的内存应足以存储共用体中最大的成员。在上述代码中，"Data"占用了 20 个字节的内存空间。在其所有成员中，字符串所占内存是最大的。

【例 2.10】引用共用体显示内存。

相应代码如下：

```
#include <stdio.h>
#include <string.h>
union Data                          //定义共同体
{
    int i;
    float f;
    char str[20];
};
int main()
{
    union Data data;                // 引用共用体
    printf("data 占用的 size 大小为 :%d\n",sizeof(data));
    return 0;
}
```

程序运行结果为：

```
data 占用的 size 大小为 :20
```

知识点拨： 例 2.10 中的程序显示了共用体所占用的总内存大小，由于"str[20]"字符串所占用的空间都是最大的，共用体能够存储共用体中最大的成员。所以，上述程序输出"data 占用的 size 大小为 :20"。

若想访问共用体成员,应当采用成员访问运算符。共用体类型的变量可由"union"关键字进行定义。

【例 2.11】共用体初始化。

相应代码如下：

```
#include <stdio.h>
#include <string.h>
union Data
{
    int i;
    float f;
    char str[20];
};
int main()
{
    union Data data;
    data.i=10;
    printf("data.i:%d\n",data.i);
    data.f=220.5;
    printf( "data.f : %f\n", data.f);
    strcpy( data.str, "C Programming");     //复制 data.str 字符串的值，地址不变
```

```
        printf( "data.str : %s\n", data.str);
        return 0;
}
```

程序运行结果为：

```
data.i: 10
data.f: 220.5
data.str: C Programming
```

知识点拨： 例 2.11 中的程序定义了共用体 "Data"，并给共用体的值初始化，最后用控制台将共用体的变量值输出。

2.3.4　枚举类型

在实际问题中，有些变量的取值通常是固定的。例如：一周有 7 天，一年有 12 个月，12 生肖每个属相都是设定好的。如果把这些量声明为整型、字符型或其他类型，显然是不妥当的。

为此，C 语言提供了一种称为 "枚举" 的类型。在枚举类型的定义中列举出所有可能的取值，并声明该枚举类型的变量取值不能超过定义的范围。

1. 枚举类型的定义

定义枚举类型的一般格式为：

```
enum 枚举名 { 枚举值表 };
```

在枚举值的表中应罗列出所有可用值，这些值也称为枚举元素。

例如：

```
enum weekday{Monday, Tuesday, Wednesday, Thursday, Friday, Saturday, Sunday};
```

该枚举名为 "weekday"，枚举值共有 7 个，即一周中的 7 天。凡被声明为 "weekday" 类型变量的取值，只能是 7 天中的某一天。

2. 枚举变量的说明

和结构体变量、共用体变量一样，枚举变量也可以用不同的方式说明，即先定义后说明，同时定义说明或直接说明。

设有变量 day1、day2、day3 被声明为上述的 "weekday"，可采用下述任一种方式进行：

```
enum weekday{Sunday, Monday, Tuesday, Wednesday, Thursday, Friday, Saturday};
enum weekday day1, day2, day3;
```

或者为：

```
enum weekday{Sunday, Monday, Tuesday, Wednesday, Thursday, Friday, Saturday}
day1, day2, day3;
```

或者为：

```
enum {Sunday, Monday, Tuesday, Wednesday, Thursday, Friday, Saturday} day1, day2,
day3;
```

3. 枚举类型变量的赋值和使用

枚举类型在使用中有以下规定。

（1）枚举值是常量，不是变量，不能在程序中用赋值语句再对它赋值。例如：对枚举"weekday"的元素再做以下赋值"Monday=5;""Tuesday=3;""Monday=Tuesday;"都是错误的。

（2）枚举元素本身由系统定义了一个表示序号的数值，从 0 开始依次定义为 0、1、2 等数值。如在"weekday"中，"Sunday"值为 0，"Monday"值为 1，"Tuesday"值为 2…… "Saturday"值为 6。

2.3.5 类类型

类是一种复杂的、用户自定义的数据类型，是 C++ 面向对象的基础，可以把类看作是对相似事物的抽象。类中包含了静态属性（变量）和动态属性（函数）。

定义类的格式如下：

```
class( 关键字 ) Classname( 类名 )
{
    Access specifiers:              // 访问修饰符 :private/public/protected
    Date members/variables;        // 变量
    Member functions(){}           // 类方法
};                                 // 分号结束一个类
```

定义类的开头使用"class"关键字，之后为类名（类名的首字母一般需要大写）。类的主体应当写在花括号内，在定义时要有一个分号或声明列表。例如：用关键字"class"定义 Box 数据类型。相应代码如下所示：

```
class Box
{
    public:
    double length;                            // 盒子的长度
    double breadth;                           // 盒子的宽度
    doube heigt;                              // 盒子的高度
                                              // 成员函数声明
    double get(void)
    void set(double len,double bre,double hei);  // 成员变量设置
};
```

关于类的定义和使用，将在第 5 章重点介绍。

2.3.6　定义类型别名

C 语言自带 typedef 关键字,字面意思为类型定义,其作用是对数据类型创建别名。例如:"单字节定义 INT: typedef unsigned char int;"。经过此定义,标识符 INT 可作为类型 unsigned char 的缩写; 不仅如此,利用 typedef 关键字对自定义数据类型创建新名称,可以使用此新数据类型名称直接定义结构变量,具体实例如例 2.12 所示。

【例 2.12】利用 typedef 定义一本书的属性。

相应代码如下:

```
#include <stdio.h>
#include <string.h>
typedef struct Books          // 给结构体命名为 Books
{
    char title[60];           // 书名
    char author[60];          // 作者
    char subject[120];        // 分类
    int book_id;
} Book;                       // ID 号

int main( )
{
    Book book;
    strcpy( book.title, "C++ 教程 ");
    strcpy( book.author, "×××");
    strcpy( book.subject, " 编程语言 ");
    book.book_id=451264;
    printf( " 图书标题 : %s\n", book.title);
    printf( " 图书作者 : %s\n", book.author);
    printf( " 图书类目 : %s\n", book.subject);
    printf( " 图书 ID: %d\n", book.book_id);
    return 0;
}
```

程序运行结果为:

```
图书标题 :C++ 教程
图书作者 :×××
图书类目 :编程语言
图书 ID: 451264
```

知识点拨: 例 2.12 中的程序定义了一个结构体变量,并且存储了图书的相关属性,最后通过给结构体里面的变量赋值,然后输出。

2.4　指针

2.4.1　内存和地址

可以将计算机中的内存比作一栋楼房，每间房屋能够存储数据，并由房间号确定标识。而计算机中的内存由数亿个位组成，一位能存储值 0 和 1，但是一位表示的范围有限，所以单独谈一位没有实际意义。一般来讲，使用多个位为一组构成一个单位，就可以存储较大范围的值。每一个单位为一个字节，它包含存储一个字符需要的位数。在目前的许多计算机中，一个字节由 8 个位构成，能存储无符号值 0~255。

为了存储更大的值，我们把两个或多个字节合在一起，作为一个更大的内存单位。例如：许多计算机以字节为单位存储整数，每个字一般由 2 个或 4 个字节组成，即常用的 int 等类型。假如记住一个值的存储地址，就可以按照此地址取得一个值。

2.4.2　指针变量

指针是一个数据在内存中的地址，指针变量就是存放地址的变量。在 C 语言中，指针变量是保存变量的地址，我们可以访问指针变量保存的地址值。指针变量的值为数据的地址，包括数组、字符串、函数、普通变量等。

例如：在一个 char 类型的变量 a 中，存储一个字符 a，其 ASCII 码为 65，占用地址为 0X11A 的内存。除此之外，还存在另一个指针变量 p，其值也是 0X11A。这种情况就称 p 指向 a，也可以说 p 为指针变量 a 的指针。

1. 定义指针变量

定义指针变量和定义普通变量大致相同，都是变量名前面加星号（*），格式如下：

```
datatype *name;
```

或者

```
datatype *name=value;          //这里的"*"表示指针变量，"datatype"表示该指
针所指向的数据类型，value 为变量的地址值，通常情况下用取地址符获取变量地址
int a=10;
int *p_a=&a;
```

"p_a" 是一个指向 int 类型的指针变量，在定义指针变量 "p_a" 的同时对它进行初始化，并将变量 "a" 的地址赋予它，此时 "p_a" 就指向了 "a"。值得注意的是，"a" 前面必须要加取地址符（&），否则是错误的。

指针变量也可以连续定义，例如：

```
int *a,*b,*c;          //a、b、c 的类型都是 int*
```

2. 通过指针变量取得数据

指针变量存储了数据的地址，通过指针变量能够获得该地址的数据，格式为：

```
*pointer;
```

此处的 "*" 为指针运算符，用来取得某个地址上的数据，如例 2.13 所示。

【例 2.13】利用指针输出 a 的值。

相应代码如下：

```
#include <stdio.h>
int main()
{
    int a=5;
    int *p=&a;
    printf("%d,%d\n",a,*p);    // 两种方法都输出 a 的数值
    return 0;
}
```

程序运行结果为：

```
5, 5
```

知识点拨： 假设 "a" 的地址是 "0X1111"，"p" 指向 "a" 后，"p" 本身的值变为 "0X1111"。"*p" 表示获取地址 "0X1111" 的数据，即变量 "a" 的值。从运行结果看，"*p" 和 "&a" 是等价的。

【例 2.14】通过指针交换两个变量 a、b 的值。

相应代码如下：

```
#include <stdio.h>
int main()
{
    int a=1,b=10,temp;
    int *pa=&a,*pb=&b;
    printf("a=%d,b=%d\n",a,b);
    temp=*pa;                  // 将 a 的值先保存起来
    *pa=*pb;                   // 将 b 的值交给 a，将保存起来的 a 值交换给 b
    *pb=temp;                  // 将保存起来的 a 值交换给 b，结束交换
    printf("a=%d,b=%d\n",a,b);
    return 0;
}
```

程序运行结果为：

```
a=1, b=10
a=10, b=1
```

知识点拨： 通过运行结果可以看出，a、b 的值已经发生了交换。需要注意的是临时变量 "temp" 的使用，执行 "*pa=*pb;" 语句后，"a" 的值会被 "b" 的值覆盖。因此，如果不预先将 "a" 的值保存起来，之后 "a" 的值就会被覆盖。

3. 一维数组和指针

从本质上来说，一维数组元素也是一个变量，也有自己的地址，因此完全可以定义指向一维数组元素的指针。

例如：

```
int a[10],*p,*q;
p=&a[0];
q=&a[3];
```

以下语句定义了一个指向一维数组的指针变量：

```
int a[10],*p;
p=a;
```

注意： 在 C 语言中，数组名即为数组的首地址。此外，在一个一维数组中，无论一个元素占用多少内存，如果一个指针"p"指向一维数组中的一个元素，那"p+1"总会指向数组中的下一个元素。

【例 2.15】指针加减整数。

相应代码如下：

```
#include <stdio.h>
int main()
{
    int a[10],*p=&a[5];              // 定义数组，命名指针变量
    printf("p=%p\n",p);
    printf("p+1=%p\n",p+1);          // 对 p 进行加操作
    printf("p-1=%p\n",p-1);          // 对 p 进行减操作
    return 0;
}
```

程序运行结果为：

```
p=0019FF1C
p+1=0019FF20
p-1=0019FF18
```

知识点拨： 例 2.15 中的程序定义了长度为 10 的数组，然后命名了指针变量"*p"。对"p"进行加减操作，实际上改变了地址值。如果"a"是一个一维数组，那么"a+i"就是数组元素"a[i]"的地址（等价于"&a[i]"），而"a+i"就代表数组元素"a[i]"。如果"a"是一个一维数组，而指针变量"p"指向"a[0]"，那么"p+i"就是数组元素"a[i]"的地址，而"*(p+i)"就代表数组元素"a[i]"。

【例 2.16】键盘输入 10 个数并逆序输出。

相应代码如下：

```
#include <stdio.h>
int main()
```

```
{
    int a[10],*p=a,i;                  // 初始化数组
    printf(" 输入 10 个数 :");
    for(i=0;i<10;i++)
    scanf("%d",p+i);                   // 等价于 scanf("%d",&a[i])
    printf(" 逆序后 :");
    for(i=9;i>=0;i--)
    printf("%2ld ",*(p+i));            // 等价于 printf("%d",a[i])
    return 0;
}
```

程序运行结果为：

```
输入 10 个数 :1 2 3 4 5 6 7 8 9 0
逆序后 :0 9 8 7 6 5 4 3 2 1
```

知识点拨： 在例 2.16 的程序中，为了访问不同的数组元素，改变的不是指针变量 "p" 的值，而是整型变量 "i" 的值。虽然 "p" 是一个指针变量而不是一个数组，但是 C 语言允许将指针形式的 "*(p+i)" 表示为数组元素形式的 "p[i]"，从而允许数组指针 "p+i" 表示为 "&p[i]"。

4. 指针变量作为函数参数

在 C 语言中，函数的参数不限于整型、实型或字符型等数据类型，也可以是指针类型。指针类型的函数参数意义为：将主调函数中的变量地址传递到被调函数中，从而实现变量的函数间接引用。

【例 2.17】 利用函数交换 a、b 的值。

相应代码如下：

```
#include <stdio.h>
void swap(int *m,int *n)               // 定义交换函数
{
    int temp;
    temp=*m;                           // 等价于 temp=m;
    *m=*n;                             // 等价于 m=n;
    *n=temp;                           // 等价于 n=temp;
}
int main()
{
    int a,b;
    printf(" 输入两个整数 :");
    scanf("%d%d",&a,&b);
    printf(" 交换前 :a=%d,b=%d\n",a,b);
    swap(&a,&b);
    printf(" 交换后 :a=%d,b=%d\n",a,b);   // 输出交换后的值
    return 0;
}
```

程序运行结果为：

```
输入两个整数：
3 5
交换前：a=3, b=5
交换后：a=5, b=3
```

知识点拨： 在例 2.17 的程序中，首先将主调函数中的局部变量的地址传递到被调函数中，之后在被调函数中对主调函数中的局部变量进行间接引用，这在实质上是一种跨函数的间接引用。关于函数的具体介绍参见第 4 章。

2.4.3 动态内存的分配和管理

1. malloc 函数

```
函数声明：void *malloc(size_t Size)
所在文件：stdlib.h
参数：size_t Size（Size 表示要申请的字节数）
返回值：void *（成功则返回"指向申请空间的指针"，失败则返回 NULL）
函数功能：申请 Size 个字节的堆内存并返回内存空间首地址
```

malloc 函数根据参数指定的尺寸来分配内存块，并且返回一个 void 型指针，指向新分配的内存块的初始位置。如果内存分配失败（内存不足），则函数返回 NULL。

如分配 100 个 int 类型的空间：

```
int* p=(int *) malloc ( sizeof(int) * 100 );
```

2. free 函数

```
函数声明：void free(void *p)
所在文件：stdlib.h
参数：void *p( 指向堆内申请的合法空间 )
返回值：void
功能：释放手动申请的堆内合法内存空间
```

例如：

```
int* p=(int *) malloc(4);
*p=100;
free(p);                        // 释放 p 所指的内存空间
```

以下是关于 malloc 和 free 的使用例子：

```
#include "stdio.h"
#include "stdlib.h"
#define SIZE 3

int main()
{
    int *pt=NULL;
    // 使用 malloc() 申请空间
    pt=(int*)malloc(SIZE * sizeof(int));
```

```
        // 判断是否申请成功，若申请失败，则提示退出
        if (pt==NULL)
        {
            printf(" 内存未申请成功 ");
            return 0;
        }
        for (int i=0; i < SIZE; i++)
        {
            pt[i]=i;                // 给申请的空间赋值
        }
        for (int i=0; i < SIZE; i++)
        {
            printf("%d\n", pt[i]);  // 输出值
        }
        free(pt);                   // 使用 free 释放空间
        return 0;
}
```

程序运行结果为：

```
0
1
2
```

知识点拨：在该程序中，先定义了一个 int 型的指针变量 "pt"，然后通过 malloc 函数申请空间容纳 3 个 int 型数据的内存，并将内存地址反馈给 "pt"。通常，在动态创建内存时需要对申请的内存进行判断，查看是否申请成功。如果没有申请成功，会给出提示，并结束程序。如果已经申请成功，通过循环语句（第 3.4 节）对指针变量指向的数据逐个赋值。最后，释放 "pt" 指向的内存空间，程序结束。

值得一提的是，C++ 同样保留了 malloc、free 函数，而且提供了更强大的运算符 new 和 delete。关于 new 和 delete 运算符的使用请见第 6.6 节。

2.5 基本运算符和表达式

运算符类似于数学计算中的加、减、乘、除等运算符号，用于变量（对象）之间进行计算或比较。参与其中的对象叫作运算对象，一个或多个运算对象构成了表达式。运算符可以沟通不同的运算对象，进而构成更加复杂的表达式，参与更加复杂的计算。C 语言中有大量的运算符，可以满足不同的计算需求。

一般情况下，可以将表达式看作是运算符和操作数的有效组合。C 语言中有大量的运算符组合，其中包括算数运算符、关系运算符和逻辑运算符等，与之对应的表达

式就叫作算数表达式、关系表达式、逻辑表达式等。在 C 语言中，任何一个用于计算值的公式都可以称为表达式。

2.5.1　赋值运算符和表达式

赋值号（=）是一个运算符，称为赋值运算符，由赋值运算符组成的表达式为赋值表达。其形式如下：

变量名 = 表达式

赋值运算符（=）的左侧只能为变量，常量或表达式不能出现在赋值运算符的左侧，因为不符合语法规则。赋值运算符的意义不同于数学中的"="，左侧变量得到的值即为赋值表达式的值。

复合赋值运算符有"+=""−=""*=""/=""%="。复合赋值运算符与赋值运算符的优先级相同，例如"n+=3"的运算规则等同于"n=n+3"。

2.5.2　算术运算符和表达式

算术运算符主要有 7 个，其中 2 个为一元运算符（"+""−"），5 个为二元运算符（"+""−""*""/""%"）。一元运算符"+""−"的作用是对数据取正号和负号，如"int a=+5""int b=−5"；二元运算符"+""−""*""/""%"分别用于两个对象的加、减、乘、除和取余运算。

【例 2.18】通过本例熟悉运算符的使用。

相应代码如下：

```
#include <stdio.h>
#include<math.h>
int main()
{
    int a=3;
    int b=6;
    int c=2;
    int d1, d2, d3, d4;
    d1=(a+b)*c/a;
    d2=a+b*c/a;
    d3=a/c;
    d4=a%c;
    printf("d1=%d\n",d1);
    printf("d2=%d\n",d2);
    printf("d3=%d\n",d3);
    printf("d4=%d\n",d4);
    return 0;
}
```

程序运行结果为：

```
d1=6
d2=7
d3=1
d4=1
```

知识点拨： 在 C 语言中，算数运算符存在严格的优先级，类似于数学四则运算中的乘法、除法优先于加法、减法。在 C 语言中，算数运算符和圆括号的优先级的高低次序为："（ ）" > "+"（单目）> "-"（单目）> "*" > "/" > "+" > "-"（关于运算符优先级详细介绍请见第 2.6 节的内容）。只有单目运算符 "+" "-" 的结合性是从右到左的，其余运算符的结合性都是从左到右的，例如 "(a+b)*c/a" 的结果为 6，而 "d2=a+b*c/a" 的结果为 7。"a/c" 结果为 1.5，但是 d3 类型为 int 型，因此，结果为 1。a 对 c 取余的结果为 1，因此，"a%c=1"。

2.5.3　关系运算符和表达式

关系运算符都是双目运算符，其结合性均为左结合。关系运算符的优先级低于算术运算符，高于赋值运算符。在 6 个关系运算符中，"<" "<=" ">" ">=" 的优先级相同，高于 "==" 和 "!="，"==" 和 "!=" 的优先级相同。

由关系运算符组成的式子为关系表达式，如 "a>b" 即为关系表达式。在 C 语言中，同逻辑表达式一样，关系表达式的值也为逻辑值，即布尔型（bool），取值为真或假。

注意： 在 C 语言中，"==" 表示等于，而 "=" 表示赋值。如果要做判断，需要使用 "=="。

如语句：

```
if(a==1)
{...}
```

表示判断是否满足条件 "a==1"，如果满足则进行 {} 中的处理，是典型的判断语句。但是，如果写成：

```
if(a=1)
{...}
```

则表示给 "a" 赋值为 1。程序将不做判断，直接进行 "{}" 中的处理。初学 C++ 时，很容易混淆 "==" 和 "="，大家需要格外注意。

2.5.4　逻辑运算符和表达式

逻辑运算符主要有 3 种：并且、或者和相反。

（1）并且：逻辑为与，操作符为 "&&"，表示两者都成立。

（2）或者：逻辑为或，操作符为"||"，表示只要两个其中的一个条件成立即可。

（3）相反：逻辑为非，操作符为"!"，表示（如果）之前成立，现在就不成立;（如果）在之前不成立，那么现在就成立。

逻辑表达式的值与关系表达式的值一样，结果成立为1，不成立为0。在 C 程序里面，用 0 表示不成立，用除 0 之外的任何数表示成立。

逻辑运算符的优先级为"!"＞"&&"＞"||"。

2.5.5 位运算符和表达式

位运算符主要有 6 种：按位与（&）、按位或（|）、异或（^）、取反（~）、右移（>>）、左移（<<）。

1. 按位与运算符

按位与运算符（&）进行的是这样的算法：0&0=0，0&1=0，1&0=0，1&1=1。

【例 2.19】利用按位与运算符输出结果。

相应代码如下：

```
#include<stdio.h>
int main()
{
    int a=4;
    int b=5;
    printf("%d",a&b);
}
```

程序运行结果为：

```
4
```

知识点拨： a=4 的二进制表示 a=$(0100)_2$，b=5 的二进制表示 b=$(0101)_2$，a&b=$(0100)_2$，换算成十进制数为 4。

2. 按位或运算符

按位或运算符（|）进行的是这样的算法：0|0=0，0|1=1，1|0=1，1|1=1。

【例 2.20】利用按位或运算符输出结果。

相应代码如下：

```
#include<stdio.h>
int main()
{
    int a=060;
    int b=017;
    printf("%d",a|b);
}
```

程序运行结果为：

```
63
```

知识点拨： 在 C 语言中，如果一个整型是以 0 开头的，那么它就是一个八进制数。如果是以 0x 开头的，那么它就是一个十六进制数。此处的 a 和 b 都是八进制数。如果换算成二级制数 a=(0110000)$_2$，b=(0001111)$_2$。a|b=(0111111)$_2$，换算成十进制数为 63。

3. 异或运算符

异或运算符（^）进行的是这样的算法：0^0=0，0^1=1，1^0=1，1^1=0（相同为 0，不同为 1）。

【例 2.21】 利用异或运算符输出结果。

相应代码如下：

```c
#include<stdio.h>
int main()
{
    int a=3;
    int b=4;
    a=a^b;
    b=b^a;
    a=a^b;
    printf("a=%d b=%d",a,b);
}
```

程序运行结果为：

```
a=4  b=3
```

知识点拨： a=（3）$_{10}$=（011）$_2$，b=（4）$_{10}$=（100）$_2$。a=a^b=（111）$_2$，b=b^a=（011）$_2$=（3）$_{10}$。a=a^b=（100）$_2$=（4）$_{10}$。故最终结果：a=4，b=3。

4. 取反运算符

取反运算符（~）是一元运算符，作用是对整数的二进制码进行取反，具体操作是将二进制位上的 0 和 1 互换值。例如：对 10101 进行取反后的结果为 01010。

【例 2.22】 利用取反运算符输出结果。

相应代码如下：

```c
#include<stdio.h>
int main()
{
    int a=5;
    printf("%d\n",~a);
}
```

程序运行结果为：

```
-64
```

分析：如果计算机是 64 位，则描述八进制的 a 时需要用到 64 位，即 a=（077）$_8$=(0···0111111)$_2$，~a=（1···1000000）$_2$。

其符号位（最左一位）是 1，表明它表示的是负数，欲求其源码，须先对其取反，然后再加 1：（0···0111111）$_2$+（0···1）$_2$=（0···1000000）$_2$，最后在得到的源码前加一个负号，即 -（0···1000000）$_2$=-（64）$_{10}$。

5. 右移运算符

右移运算符（>>）的作用是对一个数的二进制位进行右移，右移的位数由操作数决定，且为非负值，舍弃移动右端的低位。若 a=15，即（00001111）$_2$，右移 2 位，得数为（00000011）$_2$。

6. 左移运算符

左移运算符（<<）的作用是对一个数的二进制位进行左移，左移的位数由操作数决定，且为非负值，高位溢出则舍弃移动左端的高位。例如：将 a 的二进制数左移 2 位，右边空出的位补 0，左边溢出的位舍弃。若 a=15，即（00001111）$_2$，左移 2 位，得（00111100）$_2$。

【例 2.23】利用右移运算符输出结果。

相应代码如下：

```c
#include<stdio.h>
int main()
{
    int a=17;
    int b=a>>1;
    int c=a<<1;
    printf("b=%d\n",b);
    printf("c=%d\n",c);
}
```

程序运行结果为：

```
b=8
c=34
```

知识点拨：a=（17）$_{10}$=（10001）$_2$，b=a>>1=（1000）$_2$=（8）$_{10}$，c=a<<1=（100010）$_2$=（34）$_{10}$。

2.5.6　条件运算符和表达式

条件运算符也称为三目运算符，其一般格式为：

表达式 1? 表达式 2: 表达式 3;

执行过程为：先对表达式 1 进行计算，若其计算结果为真，则进行下一步，再对表达式 2 进行计算，将计算结果作为整个条件表达式的值。若表达式 1 计算结果为假，则对表达式 3 进行计算，将计算结果作为整个条件表达式的值。需要注意的是，条件运算符的优先级很低，其结合性为从右向左。

【例 2.24】利用条件运算符输出结果。

相应代码如下：

```
#include<stdio.h>
int main()
{
    int a,b,max;
    scanf("%d,%d",&a,&b);
    max=(a>b)?a:b;
    printf("%d",max);
}
```

程序运行结果为：

```
1, 2（输入）
2
```

2.5.7　逗号运算符和表达式

逗号运算符（,）是 C 语言中一种特殊的运算符。用","将表达式连接起来的式子称为逗号表达式，其一般格式为：

表达式 1, 表达式 2,..., 表达式 n;

逗号运算符的结合性为从左到右，因此，逗号表达式为从左到右进行运算。先计算表达式 1，再计算表达式 2，依次进行，最后计算表达式 n。最后一个表达式的值就是此逗号表达式的值，如"i=2,i++,i+5;"这个逗号表达式的值为 8，i=3。在所有的运算符中，逗号运算符的优先级最低。

2.5.8　指针运算符和表达式

当程序中已具有一个指针，并且希望获取它所引用的对象时，可以使用间接运算符（*）。该运算符有时也被称为"解引用运算符"。它的操作对象必须是指针类型。

如果"ptr"是指针，那么"*ptr"就是"ptr"所指向的对象或函数；如果"ptr"是一个对象指针，那么"*ptr"就是一个左值，可以把它当作赋值运算符左边的操作数。

【例 2.25】利用指针运算符输出结果。

相应代码如下：

```
#include <stdio.h>
#include<math.h>
int main()
{
    float a,*ptr=&a;
    *ptr=1.5;            // 将 1.5 赋值给变量 a
    ++(*ptr);            // 将变量 a 的值自加
    printf("%f",a);
}
```

程序运行结果为：

2.500000

知识点拨： "*ptr=1.5" 是将 1.5 赋值给变量 "a"，"++(*ptr)" 是将变量 "a" 的值加 1。在这个示例最后的语句中，"ptr" 的值保持不变，但 "a" 的值变成 2.5。如果指针操作数的值不是某个对象或函数的地址，则间接运算符的操作结果无法确定。像其他一元操作数一样，运算符 "&" 和 "*" 具有很高的优先级，操作数的组合方式是从右到左。因此，表达式 "++(*ptr)" 中的括号是没有必要的。

运算符 "&" 和 "*" 是互补的：如果 "x" 是一个表达式，用于指定一个对象或一个函数，那么表达式 "*&x" 就等于 "x"。相反，在形如 "&*pt" 的表达式中，这些运算符会互相抵消，表达式的类型与值等效于 "ptr"。

2.5.9　地址运算符和表达式

"&" 是一元运算符，可以返回操作数的内存地址。如果操作数 x 的类型为 T，则表达式 "&x" 的类型是 T 类型指针（指向 T 的指针）。

对地址运算符进行操作时，要保证其操作数可以在内存中找到其地址。当需要初始化指针，以指向某些对象或函数时，需要获得这些对象或函数的地址。

【例 2.26】利用地址运算符输出结果。

相应代码如下：

```
#include<stdio.h>
int main()
{
    int *ptr,a=15;
    ptr=&a;
    printf("%d",*ptr);
}
```

程序运行结果为：

15

知识点拨： 其中"ptr=&a"是正确的，这便使指针"ptr"指向"a"，而"ptr=&(a+1)"是错误的，因为"a+1"不是一个左值。

2.5.10　求字节运算符和表达式

"sizeof"是 C 语言中的一种单目运算符，并不是函数。sizeof 运算符的功能是返回指定的数据类型或表达式的值在内存中占用的字节数。操作数可以是一个表达式或类型名，操作数的存储空间大小由操作数的类型决定。一般 int 型变量是 4 个字节，double 型为 8 个字节。

【例 2.27】 利用字节运算符输出结果。

相应代码如下：

```
#include<stdio.h>
int main()
{
    int a;
    double b;
    a=sizeof(a);
    b=sizeof(b);
    printf("a=%d,b=%f",a,b);
}
```

程序运行结果为：

a=4, b=8.000000

2.5.11　强制运算符和表达式

强制类型转换是指把变量从一种类型转换为另一种数据类型。比如：为了把 long 类型的值存储到简单整型中，可以对 long 型进行强制转换，使其转换为 int 型。进行强制转换时就必须用到强制转换运算符，在使用强制类型转换符时，会把一个整数变量转换为另一个浮点变量，最终得到一个浮点数。

【例 2.28】 利用强制运算符输出结果。

相应代码如下：

```
#include <stdio.h>
int main()
{
    int sum=18, count=5;
    double x;
    x=(double) sum / count;
```

```
    printf("%f\n", x );
}
```

程序运行结果为：

```
3.600000
```

2.5.12　下标运算符和表达式

下标运算符（[]）通常用于访问数组元素。借助于下标运算符可以获取数组中单独的元素。下标运算符需要两个操作数。在最简单的情况下，一个操作数是一个数组名称，而另一个操作数是一个整数。

如"array"是一个数组的名称。"array[0]"表示数组"array"的第 1 个元素（数组的首元素从索引 0 开始），"array[9]"表示数组"array"的第 10 个元素。

2.5.13　自增与自减运算符和表达式

自增运算符（++）和自减运算符（--）的作用是对运算对象进行"+1"或"-1"的操作，如"i++"意为"i=i+1"。其中运算符"++"为单目运算符，运算对象包括实型变量和整型变量，不能为常量或表达式，所以像"1++"这类表达式是不合法的。使用这两种运算符构成表达式时，前缀与后缀形式均可，即"i++"或"++i"都是合法的，且效果相同，但作为表达式会计算出不同的值，如例 2.29 和例 2.30 所示。

【例 2.29】利用自增运算符"i++"输出结果。

相应代码如下：

```
#include<stdio.h>
int main()
{
    int i=1,j;
    j=i++;
    printf("j=%d,i=%d",j,i);
}
```

程序运行结果为：

```
j=1, i=2
```

【例 2.30】利用自增运算符"++i"输出结果。

相应代码如下：

```
#include<stdio.h>
int main()
{
    int i=1,j;
    j=++i;
```

```
    printf("j=%d,i=%d",j,i);
}
```

程序运行结果为：

j=2, i=2

知识点拨：例 2.29 中的语句"j=i++;"，表示先将 i 的值赋给 j 之后，再对 i 进行自加。因此，j 的值为 i 自加之前的结果，即 j=1，i=2。例 2.30 中，语句"j=++i;"，表示先将 i 自加，然后将自加后的结果赋值给 j，故 j 的值为 i 自加之后的结果，即 j=2，i=2。

关于自增与自减运算符的重载，将会在 9.4 节进一步学习。

2.6　运算符的优先级和结合性

在前面的介绍中，提到了运算符的优先级问题。在一个表达式中，其数据对象会有多个不同的运算符连接，且具有不同的数据类型，在此表达式中也会有多种不同的运算。如果不统一运算顺序，得出的结果就会多种多样，所以，规定运算的优先级是非常有必要的。只有这样，才能保证运算结果的合理性、准确性，以及唯一性。

表达式的结合次序由运算符的优先级决定，优先级高的运算符先进行结合，同一行运算符优先级相同。

例如：

k=(j>i) && (8==i)

根据优先级的高低，完全可以写成：

k=j>i && 8==i

但第一种写法在实际操作中是比较提倡的，由于括号运算符优先级最高，所以程序运行时出错率更低。

C++ 运算符的优先级和结合性见表 2-4。

表2-4　C++运算符的优先级和结合性

运算符	优先级	结合性
[]、()、.、->	1	自左到右
－（负号运算符）（类型）、++、－－、*（取值运算符）、&（取地址运算符）、!、～、sizeof	2	自右到左

续表

运算符	优先级	结合性
/、*、%	3	自左到右
+、-	4	自左到右
<<、>>	5	自左到右
>、>=、<、<=	6	自左到右
==、!=	7	自左到右
&	8	自左到右
^	9	自左到右
|	10	自左到右
&&	11	自左到右
||	12	自左到右
?:	13	自右到左
=、/=、*=、%=、+=、-=、<<=、>>=、&=、^=、|=	14	自右到左
,	15	自左到右

本章习题

1. 判断题：

（1）在 C 语言中，不允许类型不同的数据之间进行运算。（   ）

（2）一个变量被定义后，它的数据类型就确定了，无法进行改变了。（   ）

（3）在 C 语言中，数值型数据都可以进行 % 运算。（   ）

（4）在 C 语言中，一个变量可以同时被定义为多个类型。（   ）

（5）在 C 语言中，变量可以不经过定义直接使用。（   ）

（6）在程序中，temp 和 TEMP 是两个不同的变量。（   ）

2. 编程题：

（1）键盘录入一个整数，求它的平方和、平方根，保留两位小数。

（2）编写程序将 "Helloworld" 改写为密文，密文要求使用原字母后面的第二个字母代替原字母，如"a->c"。

（3）编写程序，由控制台输入 10 个整数，将它们排序后输出（由小到大）。

（4）编写函数，使函数实现以下要求：键盘录入 3 个值，将它们排序后输出（由大到小）。

（5）编写程序，打印九九乘法表。

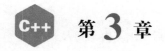

第3章

基于面向过程思想的程序设计方法

3.1 C 语言数据的输入与输出

3.1.1 字符数据的输入与输出

getchar 是 "stdio.h" 中的库函数，它的作用是从 stdin 流中读入一个字符，返回类型为 int 型，为用户输入的 ASCII 码或 EOF。

putchar 函数是字符输出函数，作用是向终端输出一个字符，其格式为：

```
putchar(c);
```

c 可以为一个字符，可以为一个十进制整型数（介于 0~127），也可以是已经被定义好的字符型变量。

该函数的一般格式为：

```
int  getchar();
putchar( 字符变量 )
```

【例 3.1】输入一个字母，用 putchar 输出这个字母以及它所对应的 ASCII 码。

相应代码如下：

```
#include<stdio.h>
int main()
{
    char i;
    i=getchar();          // 相当于 char i;scanf("%c",&i);
    putchar(i);           // 相当于 printf("%c",i);
    printf("\n");
    printf("%d\n",i);
}
```

程序运行结果为：

```
A
A
```

　　知识点拨： 例 3.1 中的程序通过 getchar 函数读入一个字符，再将输入的字符输出。语句 "i=getchar();" 等价于 "char i; scanf("%c", &i);"，要求输入一个字符。语句 "putchar(i);" 等价于 "printf("%c", i);"。

　　【例 3.2】输入单个字符。

　　相应代码如下：

```
#include<stdio.h>
int main()
{
    char a;
    printf(" 输入一个字符 \n");
    a=getchar();
    putchar(a);
    return 0;
}
```

　　程序运行过程为：

```
输入一个字符
A            （键盘输入）
A            （屏幕显示）
```

　　知识点拨： 如果输入的是多个字符，如 "ab"，则 getchar 只读入第一个字符 "a"，执行语句 "putchar(a);" 后会输出 "a"。如果语句输入的不是字符，如输入数字 "32"，则 getchar 将认为输入的字符是 "3"，putchar 也会输出 "3"。

3.1.2　格式的输出与输入

1. 格式的输出

　　printf 函数是格式化输出函数，一般用于向标准输出设备按规定格式输出信息。printf 函数的调用格式为：

```
printf("< 格式化字符串 >", < 参量表 >);
```

　　格式输出 "printf()" 用于向终端输出字符，格式控制包括输出的文字和数据格式说明，输出的文字包括字母、数字、空格、数字符号以及一些表示特殊含义的转义字符。

　　格式字符串的一般格式为：

```
%[ 输出最小宽度 ][ 精度 ][ 长度 ] 类型
```

　　（1）类型。类型字符用以表示输出数据的类型，其格式字符和意义如表 3-1 所示。

表3-1　格式字符和意义

格式字符	意义
d	以十进制形式输出带符号整数（正数不输出符号）
o	以八进制形式输出无符号整数（不输出前缀0）
x, X	以十六进制形式输出无符号整数（不输出前缀0x）
u	以十进制形式输出无符号整数
f	以小数形式输出单、双精度实数
e, E	以指数形式输出单、双精度实数
g, G	以%f 或%e 中较短的输出宽度输出单、双精度实数
c	输出单个字符
s	输出字符串

（2）输出最小宽度。即用十进制整数表示输出的最少位数。如果实际位数大于定义宽度，那么，按照实际位数进行输出；反之，以空格或 0 进行补位。

例如：

```
int a=2;
printf("%4d", a);
```

该程序运行结果会以十进制的形式输出"⊔⊔⊔2"，由于位宽为 4，因此，"2"之前有 3 个空格。

（3）精度。精度格式符以"."开头，后跟十进制整数。如果输出数字，则表示小数的位数；如果输出的是字符，则表示输出字符的个数；若实际位数大于所定义的精度数，则截去超出的部分。

例如：

```
float a=2.3;
float b=2.3333;
printf("%5.2f", a);          // 输出的数据占 5 列，其中有 2 位小数
printf("%6.2f", a);          // 输出的数据占 6 列，其中有 2 位小数
```

程序运行结果为：

```
⊔2.30
⊔⊔2.33
```

知识点拨： 输出的第一个结果中"2"前面多 1 个空格，后面补 1 个"0"；输出的第二个结果中"2"前面多 2 个空格，后面小数取 2 位有效数字。

（4）长度。长度格式符为 h、l 两种，h 表示按短整型量输出，l 表示按长整型量输出。

2. 格式的输入

scanf 是 C 语言中的一个格式化输入函数，同 printf 函数一样，在头文件 "<stdio.h>" 中被声明。所以，在使用这个函数时，没有特殊情况必须添加 "#include<stdio.h>"。scanf 作为格式化输入函数，按照用户指定的格式将数据输入作为指定变量。

格式字符串的一般格式为：

%[*][输入数据宽度][长度] 类型

其中有方括号的项为任选项。

使用 scanf 函数时必须注意以下几点。

（1）scanf 函数中没有精度控制，如 "scanf("%5.2f",&a;)" 是不合法的，此函数中不能输入有 2 位及以上小数的实数。

（2）在输入多个数值数据时，如果格式控制串中不存在非格式字符作为输入数据间的间隔，则可用空格、Tab 或回车作为间隔。在 C 语言编译过程中，上述字符会被认定为非法数据，此时数据输入结束。

（3）在输入字符数据时，若格式控制串中无非格式字符，则认为所有输入的字符均为有效字符。

例如，对于代码：scanf("%c%c%c",&a,&b,&c);

若输入：d e f，则 a='d', b=' ', c='e'。

若输入：def，则 a='d', b='e', c='f'。

如果在格式控制中加入空格作为间隔，如 "scanf ("%c %c %c",&a,&b,&c);"，则在输入时，各数据之间可加空格。

（4）如果格式控制串中有非格式字符，在输入时也要输入该非格式字符。

例如：

scanf("%d,%d,%d",&a,&b,&c);　　　　　　　// 其中用非格式字符 "," 作为间隔

输入应为：

5,6,7

例如：

scanf("a=%d,b=%d,c=%d",&a,&b,&c);

输入应为：

a=5,b=6,c=7

（5）如果输入的数据类型与输出的数据类型不一致，即使编译能够通过，最终结果也是不正确的。

double 型输入 / 输出形式如下：

```
double a;
scanf("%lf",&a);
printf("%f",a);
```

注意： 输入 double 类型时应注意使用 "%lf"，这样才能得到 a 的值。输出 double 类型时则可采用 "%f"，这是因为执行 "printf("%f",a)" 时，编译器自动把 float 类型转换为 double 类型。

3.2　顺序结构程序设计

3.2.1　表达式和语句

函数是被命名的可执行代码块，具有返回值的函数也可以用在表达式中，把其返回值作为构成表达式的操作数。

语句是 C 语言的关键特性之一，表示程序运行时执行的命令。C 语言中，规定标准语句以分号（；）结尾，但对于复合语句，它用大括号（{}）将多条语句包裹起来，强制编译器将其当作一条语句来处理，结尾不需要用分号。

【例 3.3】交换 a 和 b 的数值。

相应代码如下：

```
#include <stdio.h>
int main()
{
    int a=8;
    int b=9;
    {
        int mid=a;          //引入中间变量 mid，用于存储 a 的数值
        a=b;
        b=mid;
    }
    printf("a=%d, b=%d\n", a, b);
    return 0;
}
```

程序运行结果为：

```
a=9, b=8
```

3.2.2　顺序结构程序举例

顺序结构的程序设计是最简单的，只要按照解决问题的顺序写出相应的语句就行，它的执行顺序是自上而下，依次执行。

【例 3.4】已知长方体的长、宽、高分别为 a、b、c，计算长方体体积 v。

相应代码如下：

```
#include<stdio.h>
int main()
{
    float a,b,c,v;
    scanf("%1f%1f%1f",&a,&b,&c);
    v=a*b*c;
    printf(" 长方体的体积为 :%f\n",v);
    return 0;
}
```

程序运行结果为：

```
2 3 4
长方体的体积为 :24.000000
```

【例 3.5】输入两个小写字母，将其转换为对应的大写字母。

相应代码如下：

```
#include<stdio.h>
int main()
{
    printf(" 请输入两个小写字母 :\n");
    char ch1,ch2,ch3;
    ch1=getchar();
    ch2=getchar();
    ch1-=32;
    ch2-=32;
    printf(" 输出转换后的大写字母 :\n");
    putchar(ch1);
    putchar(ch2);
    printf("\n");
    return 0;
}
```

程序运行结果为：

```
请输入两个小写字母 :
ab
输出转换后的大写字母 :
AB
```

知识点拨：虽然利用顺序结构能解决计算、输出等问题，但是其程序不能先做判断再进行选择，所以在程序控制中不够灵活，但是顺序结构是程序控制的基础，其重要性不言而喻。

3.3 选择结构程序设计

3.3.1 if 语句

if 语句用来判定所给定的条件是否满足，然后根据判定的结果（真或假）决定执行给出的两种操作中的哪一种操作。if 语句的返回值为真或假，可以用 bool 型变量进行存储，占用 1 个字节。

例如：

```
if(a==b)
{
    printf(" 两者相等 \n")
}
```

3.3.2 if-else 语句

if-else 语句的格式为：

```
if ( 表达式 ) 语句 1
else 语句 2
```

在该语句中，else 子句是可选的，如果不选就变成了第 3 章 3.3.1 中的 if 语句。上述括号中的表达式会先被计算，以决定接下来被执行的是语句 1 还是语句 2。该表达式必须具有标量类型，如果它的值为 true（也就是不等于 0），那么语句 1 会被执行；如果为 false，则语句 2 会被执行（如果语句 2 存在的话）。

【例 3.6】输入年龄，判断能否购买酒精饮料。

相应代码如下：

```
#include <stdio.h>
int main()
{
    int age;
    printf(" 请输入年龄 :");
    scanf("%d", &age);
    if(age>=18)
    {
        printf(" 你成年了 , 可以购买酒精饮料 !\n");
    }
    else
```

```
    {
        printf(" 你还未成年 , 不可以购买酒精饮料 !\n");
    }
    return 0;
}
```

程序运行结果为：

```
请输入年龄 :17
你还未成年 , 不可以购买酒精饮料 !
请输入年龄 :20
你成年了 , 可以购买酒精饮料 !
```

【例 3.7】求两个数中的较大值。

相应代码如下：

```
#include <stdio.h>
int main()
{
    int a, b, max;
    printf(" 输入两个整数 :");
    scanf("%d %d", &a, &b);
    if(a>b) max=a;
    else max=b;
    printf("%d 和 %d 的较大值是 :%d\n", a, b, max);
    return 0;
}
```

程序运行结果为：

```
输入两个整数 :2 3
2 和 3 的较大值是 :3
```

3.3.3　多个 if-else 语句

if-else 语句也可以同时使用多个，格式如下：

```
if( 判断条件 1)
{ 语句块 1}
else if( 判断条件 2)
{ 语句块 2}
else if( 判断条件 3)
{ 语句块 3}
……
else if( 判断条件 a)
{ 语句块 a}
else
{ 语句块 b}
```

上述表达式运行时，会从上到下逐个进行条件的判断，若其中一个判断条件成立，便会执行其内部的语句块，之后跳到 "if-else" 之外执行其他语句。如果所有判断条件均不成立，就会执行语句块 b，随后执行后续代码。也就是说，一旦遇到判断成立的语句，就不会执行其他语句，所以最终只有一个语句块会被执行。

【例 3.8】输入一个字符，判断字符类型。

相应代码如下：

```
#include <stdio.h>
int main()
{
    char a;
    printf(" 输入字符 :");
    a=getchar();
    if(a<32)
        printf(" 这是一个控制字符 \n");
    else if(a>='0'&&a<='9')
        printf(" 这是一个数字 \n");
    else if(a>='A'&&a<='Z')
        printf(" 这是一个大写字母 \n");
    else if(a>='a'&&a<='z')
        printf(" 这是一个小写字母 \n");
    else
        printf(" 这是一个特殊字符 \n");
    return 0;
}
```

程序运行结果为：

```
输入字符 :c
这是一个小写字母
```

知识点拨：这是一个通过输入字符判断其类型的程序，其原理为根据键入字符的 ASCII 码进行判断。在 ASCII 码中，ASCII 值小于 32 的为控制字符，0~9 为数字，A~Z 为大写字母，a~z 为小写字母，除此外为其他字符。根据 ASCII 码运用多个 if-else 语句就可以判断输入字符的范围，从而判断其类型。

【例 3.9】输入一个百分制成绩，输出五级制成绩。

相应代码如下：

```
#include<stdio.h>
int main()
{
    printf(" 请输入成绩 , 范围 0~100, 输入 ctrl+z, 停止输入 \n");
    float score;
    while(scanf("%f",&score)!=EOF)
    {
        if (score<0)
        {
            printf(" 成绩不符合要求 \n");
        }
```

```
        else if (score<60)
        {
            printf(" 该成绩不及格 \n");
        }
        else if (score<70)
        {
            printf(" 该成绩及格 \n");
        }
        else if (score<80)
        {
            printf(" 该成绩中等 \n");
        }
        else if (score<90)
        {
            printf(" 该成绩良好 \n");
        }
        else if (score<=100)
        {
            printf(" 该成绩优秀 \n");
        }
        else
        {
            printf(" 成绩不符合要求 \n");
        }
    }
    return 0;
}
```

程序运行结果为：

```
请输入成绩，范围 0~100, 输入 ctrl+z, 停止输入
-20
成绩不符合要求
56
该成绩不及格
68
该成绩及格
73
该成绩中等
89
该成绩良好
96
该成绩优秀
102
成绩不符合要求
^Z（停止程序）
```

　　知识点拨： 在例 3.9 的代码中，通过 scanf 语句输入成绩，为了输入多个分数进行多次测试，可以将 scanf 放到 while 语句中（while 语句将在第 3 章 3.4.2 中介绍）。程序通过多个 if-else 语句进行多次判断，满足条件输出对应的五级制，如果分数不在

0~100 的范围内，则输出"成绩不符合要求"的提示。

3.3.4　switch-case 语句

在 C 语言中，switch 经常跟 case 一起使用，是一个判断选择代码。其功能是控制流程流转。

switch 语句的语法如下（switch、case、break 和 default 是关键字）：

```
switch ( 变量表达式 )
{
    case 常量 1 : 语句 ;break;
    case 常量 2 : 语句 ;break;
    case 常量 3 : 语句 ;break;
    ......
    case 常量 n: 语句 ;break;
    default : 语句 ;
    break;
}
```

知识点拨：

（1）程序执行时，先计算表达式的值，与 case 后面的常量表达式值比较。若相等，就执行对应部分的语句块，执行完后利用 break 语句跳出 switch 分支语句。若表达式的值与所有的 case 后的常量表达式均不匹配，则执行 default 项对应的语句，执行完后跳出 switch 分支语句。

（2）case 后面的常量表达只能是整型、字符型或枚举型常量中的一种。各个 case 语句表达式的值不相同，只起到一个标号作用，用于引导程序找到对应入口。

（3）各个 case 和 default 出现的先后次序，不影响执行结果。

（4）default 语句不是必需的，但建议加上，作为默认情况处理项。

【例 3.10】输入一个数字，输出当前在几楼。

相应代码如下：

```
#include <stdio.h>
int main()
{
    int a;
    printf(" 请输入您要进入的楼层 :");
    scanf("%d", &a);
    switch (a)
    {
    case 1:
        printf(" 这里是一楼 !\n");
        break;
    case 2:
        printf(" 这里是二楼 !\n");
```

```
        break;
    case 3:
        printf(" 这里是三楼 !\n");
        break;
    default:
        printf(" 超过最高层 !\n");
        break;
    }
    return 0;
}
```

程序运行结果为：

```
请输入您要进入的楼层 :3
这里是三楼！
```

知识点拨：switch 语句从字面上讲，可以称为开关语句，当然，理解上不要以为就只有开和关，可以想象它是一个多路开关。它是一种多分支结构。在例 3.10 中，定义了一个变量 a，为输入的楼层数，在 switch 语句中，变量 a 为表达式，在 case 的常量表达式中进行比对，如果 switch 语句和某个 case 常量表达式的值相等，则进入该 case 语句，然后通过 break 退出。此处需要注意 break 的使用。如果删除掉该程序中 case 语句中的 break，即代码如下：

```
……
case 1:
printf(" 这里是一楼 !\n");
case 2:
printf(" 这里是二楼 !\n");
case 3:
printf(" 这里是三楼 !\n");
default:
printf(" 超过最高层 !\n");
……
```

如果输入 1，程序运行结果会为：

```
这里是一楼！
这里是二楼！
这里是三楼！
超过最高层！
```

请大家分析出现该问题的原因。

3.3.5　选择结构程序举例

【**例 3.11**】要求使用 switch-case 语句，按照考试成绩的分数段划分等级，85 分以上为 A 等级，70~84 分为 B 等级，60~69 分为 C 等级，60 分以下为 D 等级。

相应代码如下：

```
#include<stdio.h>
int main()
{
    int score;
    printf(" 请输入分数 :\n");
    scanf("%d",&score);
    switch(score/10)
    {
    case 10:
    case 9:printf("A( 最好 )\n");
        break;
    case 8:printf("B( 较好 )\n");
        break;
    case 7:printf("C( 合格 )\n");
        break;
    case 6:printf("D( 不及格 )\n");
        break;
    default:printf(" 请检查数据 \n");
        break;
    }
}
```

程序运行结果为：

```
请输入分数 :
95
A( 最好 )
```

【例 3.12】输入一个年份，判断是否为闰年。

相应代码如下：

```
#include <stdio.h>
int main()
{
    int year, ans;
    printf(" 请输入年份 :\n");
    scanf("%d",&year);
    if(year%400==0)
        ans=1;
    else
    {
        if(year%4==0&&year%100!=0)          // 判断是否为闰年
            ans=1;
        else
            ans=0;
    }
    if(ans==1)
    {
        printf("%d 年是闰年 \n",year);
    }
    else
```

```
    {
        printf("%d 年非闰年 \n",year);
    }
    return 0;
}
```

程序运行结果为：

```
请输入年份：
2021
2021 年非闰年
```

3.4　循环结构程序设计

3.4.1　goto 语句

在 C 语言中，goto 语句又被称为无条件转移语句，可以让程序直接跳转到任意标记的位置，用法为 "goto label…label:"，可以跳出多重循环。但在结构化的程序设计中，一般不建议用 goto 语句，目的是防止出现程序流程混乱的情况。一旦出现程序流程混乱的情况，就会造成理解和调试程序的双重困难。

【例 3.13】定义两个变量 a 和 b，用 goto 语句强制跳转到 b 语句的 end 标记位置。

相应代码如下：

```
#include<stdio.h>
int main()
{
    int a=0;
    int b=9;
    goto end;            // 无条件跳转到 end 处，然后执行代码
    printf("a=%d\n",a);
end:
    printf("b=%d\n",b);
    return 0;
}
```

程序运行结果为：

```
b=9
```

3.4.2　while 语句

while 语句的一般格式为：

```
while( 表达式 )
```

while 语句中的表达式是循环条件,语句为循环体,计算表达式的值。当值非 0 时,执行循环体语句。

使用 while 语句时应注意以下两点。

(1) while 语句中的表达式一般是关系表达式或逻辑表达式,只要表达式的值为真(非 0),即可继续循环。

(2) 循环体如包括一个以上的语句,则必须用 "{ }" 括起来,组成复合语句。

【例 3.14】求 50 以内的奇数之和。

相应代码如下:

```
#include<stdio.h>
int main ()
{
    int sum=0,i=1;          // i 初始为第一个奇数
    while (i<=50)           // 循环是否执行的判断条件
    {
        sum+=i;
        i+=2;
    }
    printf("sum=%d\n",sum);
    return 0;
}
```

程序运行结果为:

```
sum=625
```

3.4.3 do-while 语句

do-while 语句的一般格式为:

```
do
{
    语句;
}
while ( 表达式 );
```

do-while 语句的流程为:无条件执行一次循环体,之后判断循环控制表达式的值,若值为真,继续进行循环操作;若值为假,停止循环操作,退出循环。总而言之,do-while 循环会进行至少一次的循环。

do-while 和 while 的执行过程非常相似,唯一的区别是:do-while 循环是"先循环,后判断",其至少会循环一次;而 while 循环是"先判断,后循环",若判断结果为假,则循环一次也不会进行。

【例 3.15】求 100 以内的奇数之和。

相应代码如下：

```
#include<stdio.h>
int main()
{
    int a=1,b=0;                    // 给初始值
    do
    {
        b=b+a;                      // 求 100 以内奇数的和
        a=a+2;
    }
    while(a<=100);
    printf("100 以内奇数的和为 :%d\n", b);
}
```

程序运行结果为：

```
100 以内奇数的和为 :2500
```

3.4.4　for 语句

for 语句的一般格式为：

```
for ( 表达式 1; 表达式 2; 表达式 3)
{
    语句 ;
}
```

在使用 for 语句时，应注意以下两点。

（1）表达式 1、表达式 2 和表达式 3 之间是用分号隔开的，务必注意不要写成逗号。

（2）"for(表达式 1; 表达式 2; 表达式 3)" 后面不加任何符号。

因为 for 循环只能控制到其后的一条语句，而在 C 语言中，分号也是一个语句——空语句。所以，如果在后面加个分号，for 循环就只能控制到这个分号，而大括号里面的语句就不属于 for 循环了。

for 语句最简单的形式是：

```
for ( 循环变量赋初值 ; 循环条件 ; 循环变量增值 )
{
    语句 ;
}
```

【例 3.16】输出 0~100 的和。

相应代码如下：

```
# include <stdio.h>
int main(void)
{
    int i;
    int sum=0;
```

```
    for (i=1; i<=100; ++i)
    {
        sum=sum+i;
    }
    printf("sum=%d\n", sum);
    return 0;
}
```

程序运行结果为：

```
sum=5050
```

3.4.5　嵌套循环语句

循环结构跟分支结构一样，都可以实现嵌套。嵌套的循环结构，执行顺序是从内到外：先执行内层循环，再执行外层循环。

【例 3.17】打印九九乘法表。

相应代码如下：

```
#include <stdio.h>
int main()
{
    for (int a=1; a < 10; a++)
    {
        for (int b=1; b <=a; b++)
        {
            printf("%d*%d=%-4d",a, b,a*b);
        }
        printf("\n");
    }
    return 0;
}
```

程序运行结果为：

```
1*1=1
2*1=2   2*2=4
3*1=3   3*2=6   3*3=9
4*1=4   4*2=8   4*3=12  4*4=16
5*1=5   5*2=10  5*3=15  5*4=20  5*5=25
6*1=6   6*2=12  6*3=18  6*4=24  6*5=30  6*6=36
7*1=7   7*2=14  7*3=21  7*4=28  7*5=35  7*6=42  7*7=49
8*1=8   8*2=16  8*3=24  8*4=32  8*5=40  8*6=48  8*7=56  8*8=64
9*1=9   9*2=18  9*3=27  9*4=36  9*5=45  9*6=54  9*7=63  9*8=72  9*9=81
```

知识点拨： 从例 3.17 可以看出：嵌套循环结构很明显是先执行内层循环，再执行外层循环。其中有两点需要注意：第一点是 "%-4d" 里的 "-"，表示左对齐，因为默认是右对齐，里面的 "4" 表示占 4 个字符；第二点是在每一次循环结束之后会输出一个回车符号以换行。

3.4.6 break 语句

break 语句适用于循环语句和开关语句。在开关语句 switch 中，其作用为使程序调出 switch 语句而执行之后的语句，此时如果没有 break 语句，这个语句就会成为死循环。而当 break 用在 do-while、while、for 等循环语句中时，其作用为终止循环，然后执行后面的语句。一般 break 语句与 if 语句搭配使用，满足条件即可跳出循环。

在 C 语言中，break 语句有以下两种用法。

（1）当 break 语句被运用在循环语句中时，循环会立即终止，并继续执行紧接着的循环外的下一条语句。

（2）它可用于终止 switch 语句中的一个 case。

如果使用的是嵌套循环（即一个循环嵌套另一个循环），break 语句会停止执行最内层的循环，然后开始执行该块之后的下一行代码。

【例 3.18】给 a 赋初值，当满足某一条件，停止循环，输出 a 的值。

相应代码如下：

```
#include<stdio.h>
int main()
{
    int a=10;
    while(a<30)
    {
        printf("a 的值 :%d\n",a);
        a++;
        if(a>15)
        {
            break;                  // 使用 break 语句循环终止
        }
    }
    return 0;
}
```

程序运行结果为：

```
a 的值 :10
a 的值 :11
a 的值 :12
a 的值 :13
a 的值 :14
a 的值 :15
```

3.4.7 continue 语句

continue 语句的作用是结束本次循环，跳过循环体中尚未执行的语句，强行执行下一次是否执行循环体的判断。continue 语句只适用于 for、while、do-while 等循环语句的循环体中，通常与 if 条件语句搭配使用，其作用为加速循环。

continue 的一般格式为：

```
while( 表达式 1)
{
    if( 表达式 2)  continue;
}
```

【例 3.19】输出 100~130 之间不能被 3 整除的数。

相应代码如下：

```
#include <stdio.h>
int main()
{
    int a;
    for(a=100;a<=130;a++)        // 循环变量赋初值；循环条件；循环变量增值
    {
        if(a%3==0)
        continue;
        printf("%d\n",a);
    }
}
```

程序运行结果为：

100, 101, 103, 104, 106, 107, 109, 110, 112, 113, 115, 116, 118, 119, 121, 122, 124, 125, 127, 128, 130

知识点拨： continue 和 break 的主要区别有以下两点。

（1）continue 语句只结束本次循环，而不是终止整个循环的执行。

（2）break 语句则是结束整个循环过程，不再判断执行循环的条件是否成立。

3.5 预处理功能

在本书第 2 章 2.1.1 中讲到了用 "#define" 定义常量，也多次用到 "#include" 包含头文件，这些都是 C 语言的预处理命令。

所谓预处理，是指在进行编译的第一遍扫描（词法扫描和语法分析）之前所做的工作。预处理是 C 语言的一个重要功能，它由预处理程序负责完成。当对一个源文件进行编译时，系统将自动引用预处理程序对源程序中的预处理部分做处理，处理完毕则自动进入对源程序的编译。

C 语言提供了多种预处理功能，如宏定义、文件包含、条件编译等。合理地使用预处理功能，编写的程序更便于阅读、修改、移植和调试，也有利于模块化程序设计。

本节将介绍常用的宏定义、文件包含、条件编译等预处理功能。

3.5.1 宏定义

宏定义是用一个标识符来表示一个字符串，在宏调用中将用该字符串代替宏名，这样可以让程序简单易懂，不仅有助于大家的理解，还提高了程序的运行效率。

宏定义是由源程序中的宏定义命令完成的，该命令有两种形式：一种是无参数的宏定义，另一种是带参数的宏定义。

1. 无参数的宏定义

无参数宏的宏名后不带参数，其定义的一般格式为：

#define 标识符 字符串

"#" 是预处理命令的标志，"define" 是宏定义命令的标志。"标识符" 为宏名，"字符串" 可以是常量、表达式、格式串等。

例如：

#define PI 3.14

在使用中需要注意以下几点。

（1）宏名一般用大写，主要是为了使宏与普通变量区分开。

（2）使用宏可提高程序的通用性和易读性，减少不一致性，减少输入错误，便于修改。

（3）预处理是在编译之前的处理，而编译工作的任务之一就是语法检查，预处理不做语法检查。

（4）宏定义末尾不加分号。试考虑若代码写为 "#define PI 3.14;"，则在后续出现 "PI" 的地方都会用标识符字符串 "3.14;" 代替，程序会出现错误。

（5）通常，宏定义写在函数的大括号外，在文件的最开头，作用域为其后的程序。

（6）可以用 "#undef" 命令终止宏定义的作用域，例如：

```
#define PI 3.4
int Func1()
{
    ......
}
#undef PI
int Func2()
{
    ......
}
```

上述程序中的 "PI" 只在 Func1 函数中有效，在 Func2 函数中无效。

2. 带参数的宏定义

带参数的宏定义也称为宏函数。在宏定义中的参数称为形式参数，形式参数不分配内存单元，所以不写入类型定义。

带参数的宏定义的一般格式如下：

#define 宏名 (参数表) 宏体

例如：

```
#define AREA(r)  3.14*r*r
#define SUM(x,y)  (x+y)
```

以上两种格式的宏定义一定要写在函数外面，其作用范围是从宏定义命令处到程序结束。宏定义可以进行嵌套，其字符串也可以使用已定义的宏名。

"#define"是预处理器处理的单元实体之一，"#define"定义可以出现在程序的任意位置，且"#define"定义之后的代码都可以使用这个宏。

【例 3.20】输入半径的值，计算圆的面积。

相应代码如下：

```c
#include <stdio.h>
#define PI 3.14
#define AREA(r) PI*r*r
int main()
{
    double r,s;
    printf(" 请输入圆的半径 r=");
    scanf("%lf",&r);
    s=PI*r*r;
    printf(" 面积 =%.2lf\n",s);
    s=AREA(r);
    printf(" 面积 =%.2lf\n",s);
}
```

程序运行结果为：

```
请输入圆的半径 r=2
面积 =12.56
面积 =12.56
```

知识点拨：例 3.20 中分别演示了不带参数的宏定义和带参数的宏定义的使用方法。通过语句 "#define PI 3.14" 将 PI 替换成 3.14。在语句 "s=PI*r*r;" 中可以实现面积计算。同时，可以通过带参数的宏定义 "#define AREA(r) PI*r*r" 将 "AREA(r)" 替换成 "PI*r*r"，完成面积的计算。

3.5.2　文件包含

C 语言程序由一个或多个源程序文件组成，而一个源程序文件还可以将另一个源程序文件的全部内容包含进来，即让指定的源程序文件包含在当前文件中。在一般情况下，当需要将另一个文件的内容包含到当前文件中时，在文件的开头使用文件包含命令即可。

文件包含命令的一般格式为：

```
#include < 文件名 >
#include " 文件名 "
```

使用文件名用"< >"括起来时，预处理程序仅在系统指定的磁盘和路径下搜索被包含的文件，若搜索不到被包含的文件，将给出文件不能打开的错误信息。

使用文件名用双引号（" "）括起来时，应该先在当前目录中搜索要包含的文件，若找不到再在系统指定的路径下搜索。如果是在同一个路径下可直接使用上述格式，不在同一目录文件下应当指明文件路径，一般自己编写的文件推荐用双引号引用。

C 语言编译系统提供了大量后缀为".h"的文件。这些文件通常保存在编译系统文件所在目录的下级目录中，如"…\include"，内容包括常量定义、带参数宏的定义、库函数的函数原型及系统中固定使用的结构体或共用体的类型定义等。这些文件的内容一般要求放在源程序文件的开头，所以把它们称为"头文件"。编写程序时，若需要这些文件中的常量定义、函数声明、类型定义等内容，就用包含命令将其包含进来，避免重复编写。

注意：一个包含命令只能包含一个文件，要包含多个文件时，须使用多个包含命令，且被包含文件的内容必须是 C 语言程序。当有多个文件组成的 C 语言程序时，可以使用文件包含命令合并成一个较大的文件，然后再进行编译运行。

【例 3.21】新建一个头文件，命名为"headfile.h"，在该文件中输入以下代码：

```
#include <stdio.h>
int a=3;
int b=4;
```

新建一个源程序文件，命名为"例 3-21.cpp"，并在该文件中输入以下代码：

```
#include "headfile.h"
int main()
{
    printf("a=%d", a);
    printf("b=%d", b);
    return 0;
}
```

程序运行结果为：

```
a=3, b=4
```

说明：在"例 3-21.cpp"文件中，包含了头文件"headfile.h"，相当于在源程序文件中替换掉其中的内容：

```
#include <stdio.h>
int a=3;
int b=4;
int main()
{
    printf("a=%d", a);
    printf("b=%d", b);
    return 0;
}
```

此时，a 和 b 为全局变量，在 main 函数中可以访问到 a 和 b 的值。

3.5.3　条件编译

在 C 语言中，条件编译指令可以实现源代码的部分编译功能，可以根据表达式的值或某个特定的宏来确定编译条件，决定编译哪些代码，不编译哪些代码。

在 C 语言中，一个文件中可以包含多个头文件，而头文件之间又是可以相互引用的，这就使得一个文件中可能间接多次包含某个头文件，导致某些头文件被重复引用多次。例如：有 3 个文件，"a.h""b.h""c.h"，其中"b.h"文件中包含"a.h"，而"c.h"文件中又分别包含"a.h"和"b.h"两个文件。由于文件之间的嵌套，头文件"a.h"被两次包含在源程序文件"c.h"中。

某些头文件重复引用，可能会造成比较严重的错误。如在头文件中定义全局变量，重复引用就会导致全局变量被重复定义。在 C 语言中，想要避免同一个头文件被多次包含、重复引用，最常用、最简单的方法就是利用"#ifndef""#define""#endif"结构产生预处理块，具体方法如下面的示例代码所示：

```
#ifndef __HEADERNAME_H__
#define __HEADERNAME_H__
 /* 声明、定义语句 */
#endif
```

在上述的预处理块中，当首次引用 include 头文件时，因为"__HEADERNAME_H__"未被宏定义，即满足"#ifndef__HEADERNAME_H__"，从而执行"#define__HEADERNAME_H__"以及其他内容。

如果我们在编码时因不注意或者使用嵌套包含等造成了此头文件被多次引用（include），那么"#ifndef__HEADERNAME_H__"判断条件在第 2 次引用（include）

头文件时便达不到要求，因此也不会执行后续代码，而是直接跳到"#endif"。通过"#ifndef""#define""#endif"结构产生预处理块，此种方法虽然可以达到同一头文件被多次包含和重复引用的目的，但同时也存在着缺点。如果在不同的头文件中定义同样的宏名，那么，编译时便会报错。为了防止上述错误的发生，保证宏名的唯一性，推荐按 Google 公司的标准，命名时按照头文件所在项目的源代码树的全路径进行。

其命名格式为：

<PROJECT>_<PATH>_<FILE>_H_

其中，"PROJECT"表示项目名称，"PATH"表示头文件相对路径，"FILE"表示文件名，"_H_"为后缀。比如：在项目 CASHREGISTER 中，其目录下的一个名为"XML"的子文件夹下有一个"PARSER"头文件，则宏定义如下：

```
#ifndef CASHREGISTER_XML_PARSER_H_
#define CASHREGISTER_XML_PARSER_H_
/* 声明、定义语句 */
#endif
```

当然，也可以这样写：

```
#ifndef _CASHREGISTER_XML_PARSER_H_
#define _CASHREGISTER_XML_PARSER_H_
/* 声明、定义语句 */
#endif
```

此处需要注意的是：因为编译器进行编译时需要打开头文件才能判断是否有重复定义，所以，当编译大型项目时，"#ifndef"编译时间偏长。

除此之外，还可以使用"#pragma once"的方式来防止头文件被重复引用，该方式一般由编译器提供，可以保证同一个文件不被重复包含。但此处需要特别说明的是，受编译器的限制，有些编译器并不支持该指令，因此，在兼容性方面并不是很完善，建议大家使用"#ifndef""#define""#endif"结构。

3.6　C 语言的文件操作

在 C 语言标准库中，文件操作的函数主要有 fopen、fclose、fread、fwrite 等，下面通过一些示例介绍各个函数的用法。

1. fopen 函数

函数功能：文件打开函数。

函数原型：

```
fp=fopen( 文件名 , 使用文件方式 );
FILE *fopen(const char *path,const char *mode);              // 文件名 模式
```

函数说明：如果是当前工作目录下的文件，可以不加路径名，如果是其他目录下的则需要加路径名。

函数参数：以 mode 的方式打开或创建文件。

函数返回值：如果成功，将返回一个文件指针；失败，则返回 NULL（即为 0）。

注意： 文件名和打开的方式在写的时候，必须用双引号括起来。

在 Linux 系统下，可以省略 mode 中的 ""b""（二进制），为了同其他系统保持兼容性，推荐保留。""ab"" 和 ""a+b"" 为追加模式，不管文件读 / 写点定位到何处，在这两种模式下，写入数据时都是将其添加于末尾。因此，适用于多个进程写入同一个文件的情况，这种写入方式有利于保证数据的完整性。使用文件的方式如表 3-2 所示。

表3-2　使用文件的方式

字符	意义
"r"（只读）	为输入打开一个文本文件，对文件进行读操作
"w"（只写）	为输出打开一个文本文件，对文件进行写操作
"a"（追加）	向文本文件的尾部添加数据
"rb"（只读）	为输入打开一个二进制文件
"wb"（只写）	为输出打开一个二进制文件，对文件进行写操作
"ab"（追加）	向二进制文件的尾部添加数据
"r+"（读/写）	为读/写打开一个文本文件
"w+"（读/写）	为读/写建立一个新的文本文件
"a+"（读/写）	向文本文件的尾部添加数据
"rb+"（读/写）	为读/写打开一个二进制文件
"wb+"（读/写）	为读/写建立一个新的二进制文件
"ab+"（读/写）	为读/写打开一个二进制文件

2. fclose 函数

函数功能：关闭文件。

函数原型：

```
fclose( 文件指针 )
int fclose(FILE *stream)
```

函数说明：使用完文件后，为避免重复误用，应将其关闭，即文件指针变量不再指向该文件，有利于保持数据的完整性。

函数返回值：成功关闭文件时，返回值为 0；否则返回 "EOF(−1)"。

文件指针的读 / 写函数种类齐全，包含数据块读 / 写、格式化读 / 写、单个字符读 / 写、字符串读 / 写等。

3. fread 函数

函数功能：读取数据块，读取多个数据。

函数原型：

```
size_t fread(void *ptr,size_t size,size_t nmemb,FILE *stream);
fread(buffer,size,count,fp);
```

函数说明：从文件 "stream" 中读取 "nmemb" 个元素，将其写入 "ptr" 指向的内存中，内存中每个元素占 "size" 个字节。

注意：所有的文件在读 / 写函数时，都要从文件的当前读 / 写点开始读 / 写，读 / 写完以后，当前读 / 写点自动往后移动 "size*nmemb" 个字节。

函数返回值：返回为 1 时，表示读取了 size 个字节；返回为 0 时，表示读取不够 size 个字节。

4. fwrite 函数

函数功能：写入数据块，写入多个数据。

函数原型：

```
size_t fwrite(void *ptr, size_t size, size_t nmemb, FILE *stream);
fwrite(buffer,size,count,fp);
```

函数说明："fwrite" 从 "ptr" 指向的内存中读取 "nmemb" 个元素，写入文件流 "stream" 中，每个元素占 "size" 个字节。

函数返回值：返回所写的数据块的数目，nmemb（count）（实际值），调用不成功返回值是 0。

【例 3.22】文件的操作。

相应代码如下：

```
#include <stdio.h>
```

```
int main()
{
    FILE* pFile;
    float buffer[]={ 2.0 , 3.0 , 8.0 };
    pFile=fopen("myfile.dat" , "wb");            // 打开文件写操作
    fwrite(buffer , 1 , sizeof(buffer) , pFile);  // 把浮点数组写到文件 myfile.dat
    fclose(pFile);                               // 关闭文件
    float read[3];
    pFile=fopen("myfile.dat" , "rb");            // 重新打开文件读操作
    fread(read , 1 , sizeof(read) , pFile);      // 从文件中读数据
    printf("%f\t%f\t%f\n", read[0], read[1], read[2]);
    fclose(pFile);                               // 关闭文件
    return 0;
}
```

程序运行结果为：

2.000000   3.000000   8.000000

本章习题

1. 求半径为 3 的圆的面积和周长。

2. 三角形的面积为 area=sqrt(s*(s−a)*(s−b)*(s−c))，其中 s=1/2*(a+b+c)。a、b、c 为三角形的边。定义两个带参数的宏，其中一个用来求 s，另一个用来求 area。写程序，在程序中用带实参的宏名来求当 a、b、c 分别为 3、4、5 时的面积 area。

3. 输入一个整数，求这个数的平方根，并判断这个数是不是完全平方数。

4. 建立一个函数，将自然数 1~10 的平方根写到名为 "myfile.dat" 的文本文件中，然后按顺序显示在屏幕上。

5. 用 if 语句求 1+2+3+…+100 的值。

6. 判断一个数是否为素数。若是，输出 "该数是素数"；若不是，输出 "该数不是素数"。

7. 输出 1~100 之间所有的奇数。

8. 输出所有在 m 和 n 范围内的水仙花数（水仙花数是指一个 3 位数，它每一位数字的立方和等于其本身，比如：153=1^3+5^3+3^3）。若 m 和 n 范围内没有水仙花数，输出 "NO"。

第 **4** 章

函数

4.1 函数的声明和定义

4.1.1 函数的声明

函数是一个功能齐全的集合,它能够根据输入完成特定的功能,最后输出结果(在一些特殊情况下,函数也可以只实现其特定功能,不需要输入或输出)。如编写一个函数,需要分别编写声明和定义两个部分的内容。通过声明向编译器发送定义一个函数的命令。在编写函数时要注意明确规定函数的返回值(输出)、函数名以及参数表(输入)。

在 C 语言中,函数的定义顺序是有规则的:一般情况下,只有后面定义的函数才可以调用前面定义过的函数。

函数声明时应注意以下几个要点。

(1)向编译器发送函数名称、参数及返回类型,不需要考虑其是否存在。

(2)函数的声明在函数使用之前,一定要先声明再使用。

(3)函数的声明一般要放在头文件中。

以下为几个函数声明的例子:

```
int max(int a, int b);
float sum(float a,float b,float c);
```

声明函数完成后,下一步为定义函数,即函数需要实现的功能。实现函数功能时,函数的名称、返回值、参数表必须与函数的声明一致。

4.1.2 函数的定义

定义函数时应包括以下几个内容。

(1)指定函数的名称,以便之后按名称调用。

（2）指定函数的类型，即函数返回值的类型。

（3）指定函数参数的名称和类型，以便在调用函数时向它们传递数据（注：无参函数不需要这项）。

（4）指定函数应当完成什么操作，即函数的功能，要在函数体里解决。

函数按照形式参数和函数体的不同可以分为：无参函数、有参函数和空函数。

1. 无参函数

所谓无参函数，就是函数名后面的括号为空，像"void print_star(void)""void print_star()"，括号里没有任何参数。无参函数的一般格式有以下两种。

第一种格式为：

```
类型名 函数名 ( )
{
    函数体（包括声明部分和语句部分）
}
```

第二种格式为：

```
类型名 函数名 (void)
{
    函数体（包括声明部分和语句部分）
}
```

括号里的"void"同样也是表示"空"，即不代表任何参数。

【例4.1】利用函数输出"Hello World!"。

相应代码如下：

```
#include<stdio.h>
void p()
{
    printf("Hello World!\n");
}
int main()
{
    p();
    return 0;
}
```

程序运行结果为：

```
Hello World!
```

知识点拨： 不输入参数和使用"void"关键字的运行结果是一样的。这就说明，在定义函数时可以选择这两种方法实现定义无参函数。

2. 有参函数

所谓有参函数，就是函数名后面的括号不为空，为有形式参数。定义有参函数的格式一般为：

```
类型名 函数名 ( 形式参数表列 )
{
    函数体（包括声明部分和语句部分）;
}
```

【例 4.2】求 3 个数中的最大值。

相应代码如下：

```
#include<stdio.h>
int max(int a,int b,int c)              // 求最大值函数的实现
{
    int max=0;
    if(a>max)
        max=a;
    if(b>max)
        max=b;
    if(c>max)
        max=c;
    return max;
}
int main()
{
    int max(int a,int b,int c);         // 求最大值函数的声明
    int x,y,z;
    int m;                              // 用来存最大值
    scanf("%d%d%d",&x,&y,&z);           // 读入 3 个数
    m=max(x,y,z);                       // 调用函数
    printf(" 最大值为 %d\n",m);          // 输出
    return 0;
}
```

程序运行结果为：

```
11 22 33
最大值为 33
```

知识点拨：例 4.2 实现了求三者的最大值，声明部分 int 类型表示函数返回值的类型，"max" 为函数名，"int a""int b""int c" 表示 3 个 int 型的形式参数（形参）。大括号内是函数体，实现了函数的功能。

3. 空函数

空函数是指没有一条语句的函数。在编程中，可以用一些空的函数体作为存根，为以后系统扩展功能保留位置。

空函数的一般格式为：

```
类型名 函数名 ( )
{

}
```

4.2 函数的形参和实参

4.2.1 函数的形参和实参的概念

1. 函数的形参

函数名后括号内的变量，因其只有在函数被调用时才会实例化（分配内存单元），所以将其称为形式参数，简称形参。函数的形参在被函数调用完后就会失效，所以形参的有效期只存在于函数之中。

2. 函数的实参

把真实的值传递给函数的参数称为实际参数，简称实参。函数的实参包括常量、变量、表达式以及函数等。函数调用时，要确保各种类型量的实参都有确定的值，目的是方便将这些值传递给形参。

4.2.2 函数的形参和实参的类型

实参不限类型，变量、常量、表达式均可为实参。而形参的类型只可以为变量。函数传递参数期间，为确保编译能够顺利通过，形参和实参的个数应相等，类型必须一致，并按顺序一一对应。

4.2.3 函数的缺省参数

函数的缺省参数是指当声明函数的某个参数时，为其指定一个默认值，之后再调用此函数时就采用该默认值，无须指定该参数。

在使用缺省参数时要注意以下几点。

（1）调用时必须从最后一个参数开始进行省略。这意味着省略一个参数，就放弃了其后的所有参数，即带缺省值的参数一定要位于参数表的末尾。

（2）缺省参数传递时必须通过值参或常参，声明其为带有缺省参数的函数。缺省值只能写入声明中。

4.2.4 函数参数的传递方式

函数参数的传递：函数调用期间，需要写入与函数形参个数相同的实参，在程序运行的过程中，实参会把参数值传递给形参。其传递方式有以下 3 种。

1. 值传递

（1）值传递方式从根本上讲，即将实参内容复制到形参，函数内部对形参的一切操作对实参不产生任何影响，形参和实参只存放在两个不同的内存空间。

（2）如果形参是类的对象，在每次使用值传递时，都要调用类的构造函数来构造对象，效率比较低。

上文提到，形参只是由实参复制得到，修改形参的值不会对实参的值产生影响。从另一个角度看，在调用函数时，值传递是由实参传递到形参，是单向传递，参数的值只能够传入不能传出。值传递适用于函数内部需要修改参数，而不需要改变或影响调用者的情况。

【例 4.3】利用值传递交换两个变量 a 和 b 的值。

相应代码如下：

```
#include<stdio.h>
void swap(int a,int b)
{
    int t;
    t=a;
    a=b;
    b=t;
    printf(" 调用交换函数后的结果是 :%d 和 %d\n", a, b);
}
int main()
{
    int a, b,t;
    printf(" 请输入待交换的两个整数 :");
    scanf("%d %d", &a, &b);
    swap(a,b);
    return 0;
}
```

程序运行结果为：

```
请输入待交换的两个整数 :2 3
调用交换函数后的结果是 :3 和 2
```

知识点拨： 在例 4.3 的程序中，先定义交换函数接受由控制台输入的两个变量的值，再通过函数体实现交换功能，最后在主函数里面实现调用。

2. 指针传递（地址传递）

指针传递也叫作地址传递。在指针传递的过程中，形参为指针变量，实参为变量地址或指针变量。调用函数时，由形参指向实参的地址；指针传递时，实参地址空间的内容修改通过改变形参指针完成。形参为指向实参地址的指针，对形参进行指向操作时，也是对实参本身进行操作。

【例 4.4】利用指针交换两个变量的值。

相应代码如下：

```c
#include <stdio.h>
void myswap(int *p1, int *p2)            // 形参为指针变量
{
    int  c;                               // 中间变量
    c=*p1;
    *p1=*p2;
    *p2=c;
}
int main()
{
    int a, b;
    printf(" 请输入待交换的两个整数 : ");
    scanf("%d %d", &a, &b);
    myswap(&a,&b);                        // 交换两个整数的地址
    printf(" 调用交换函数后的结果是 :%d 和 %d\n", a, b);
    return 0;
}
```

程序运行结果为：

```
请输入待交换的两个整数 :2 3
调用交换函数后的结果是 :3 和 2
```

　　知识点拨： 例 4.4 的程序利用指针变量作为函数的形参，旨在交换内存地址中存储的值，然后在主函数中交换变量的值。

　　3. 引用传递

　　（1）从根本上讲，引用是某一变量的别名，引用后的变量与原变量有相同的内存空间。

　　（2）实参把变量传递给形参引用，相当于形参是实参变量的别名，对形参的修改都是直接修改实参。

　　（3）在类的成员函数中，经常用到类的引用对象作为形参，这极大地提升了代码运行的效率。

　　引用的声明方式如下。

　　假如有一个变量 a，想给它另取一个别名 b，可写作：

```c
int a ;
int& b=a;                  // 声明 b 是一个整型变量的引用变量 , 并且被初始化为 a
```

在引用传递中需要注意以下几点。

　　（1）"&" 不代表取地址，它在这里只是 "引用声明符"。对一个变量引用时，不另外开辟内存空间，程序运行的效率可以大大提高。如在上例中 b 和 a 代表同一个变量单元。

（2）引用不是独立的变量，编译系统不给它分配存储单元。因此，建立引用只有声明，没有定义，只是声明和某一个变量的关系。

（3）引用在初始化后不能再重新声明为另一变量的别名。声明了一个变量的引用后，在本函数执行期间，该引用一直与代表的变量相联系，不能再作为另一个变量的别名。

（4）一个变量可以声明为多个引用。如"int& a=c, int& b=c"。

形参相当于实参的"别名"，对形参的操作即对实参的操作。在引用传递的过程中，被调函数的形参虽然也作为局部变量在栈中开辟了内存空间，但这时存放的是由主调函数放进来的实参变量的地址。被调函数对形参的任何操作都被处理成间接寻址，即通过栈中存放的地址访问主调函数中的实参变量。因此，对被调函数的形参进行任何操作都会影响到主函数中的实参变量。

【例 4.5】采用引用交换两个变量值。

相应代码如下：

```
#include<stdio.h>
void myswap(int& a, int& b)
{
    int c;
    c=a;
    a=b;
    b=c;
}
int main()
{
    int a,b,t;
    printf(" 请输入待交换的两个整数 :");
    scanf("%d %d", &a, &b);
    myswap(a,b);
    printf(" 调用交换函数后的结果是 :%d 和 %d\n", a, b);
    return 0;
}
```

程序运行结果为：

```
请输入待交换的两个整数 :2 3
调用交换函数后的结果是 :3 和 2
```

知识点拨： C++ 增加"引用"是为了让它作为函数参数来弥补函数传递参数不便的不足，同时降低编程难度。

4.3 函数的返回值

函数的返回值是指函数被调用之后，执行函数体中的代码所得到的结果，这个结果通过 return 语句返回给主调函数。

return 函数的一般格式为：

```
return 返回值 ;
```

或

```
return( 返回值 );
```

实际编程中有没有括号其实是一样的，没有括号显得更加简洁，例如：

```
return max;
return a+b;
return (100+200);
```

（1）没有返回值的函数为空类型，用 void 表示。

例如：

```
void change()
{
    printf("\n");
}
```

一旦函数的返回值类型被定义为"void"，就不能再接收它的值了。下面的语句是错误的：

```
int a=change();
```

为保证程序的可读性以及准确性，规定不要求返回值的函数一律定义为 void 类型。

（2）return 语句可以有多个，可以出现在函数体的任意位置，但是每次调用函数只能有一个 return 语句被执行，所以只有一个返回值。

【例 4.6】求两个数中的最大值，返回两个整数中较大的一个。

相应代码如下：

```
#include<stdio.h>
int max(int x, int y)
{
    int z;
    if(x>y) return x;
    else return y;
}
int main()
{
    int a=0;
    int b=0;
    int c=0;
```

```
    printf(" 请输入两个整数 :");
    scanf("%d %d", &a, &b);
    c=max(a, b);
    printf(" 最大值是 %d", c);
    return 0;
}
```

程序运行结果为：

```
请输入两个整数 : 2 3
最大值是 3
```

知识点拨： 如果 "x>y" 成立，执行 "return x"，"return y" 不会执行；如果 "x>y" 不成立，执行 "return y"，"return x" 不会执行。

（3）函数一旦遇到 return 语句会立即返回，后面的所有语句都不会被执行。return 语句还有强制结束函数执行的作用。

【例 4.7】 采用三元运算符返回两个整数中较大的一个。

相应代码如下：

```
#include<stdio.h>
int max(int x, int y)
{
    int z;
    z=(x > y) ? x : y;
    return z;
}
int main()
{
    int a=0;
    int b=0;
    int c=0;
    printf(" 请输入两个整数 :");
    scanf("%d %d", &a, &b);
    c=max(a, b);
    printf(" 最大值是 %d", c);
    return 0;
}
```

其运行结果同例 4.6。

下面的例 4.8 和例 4.9 分别定义了一个判断素数的函数，相比之下，例 4.8 更加实用。

【例 4.8】 求素数。

相应代码如下：

```
#include<stdio.h>
int prime(int n)
{
    int is_prime=1, i;    //n 一旦小于 0，就不符合条件，就没必要执行后面的代码了
    if(n < 0)
```

```
        {
            return -1;
        }
        for(i=2; i<n; i++)
        {
            if(n % i==0)
            {
                is_prime=0;
                break;
            }
        }
        return is_prime;
    }

    int main()
    {
        int num, is_prime;
        printf(" 输入需要判断的数 :\n");
        scanf("%d", &num);

        is_prime=prime(num);
        if(is_prime < 0)
        {
            printf("%d is a illegal number.\n", num);
        }
        else if(is_prime > 0)
        {
            printf("%d is a prime number.\n", num);
        }
        else
        {
            printf("%d is not a prime number.\n", num);
        }
        return 0;
    }
```

程序运行过程为：

```
输入需要判断的数 :
2                       （键盘输入）
2 is a prime number

输入需要判断的数 :
6                       （键盘输入）
6 is not a prime number
```

知识点拨： 在例 4.8 的程序中，"prime()" 是一个用来求素数的函数。素数是自然数的子集，值大于 0，所以传递给函数一个小于 0 的值是没有意义的，也无法进行判断。因此，当检测到参数值小于 0 时，要使用 return 语句提前结束函数。

为了提前结束函数，只能使用 return 语句，其后可以加一份数据，表示这份数据返回到函数外；也可以不加任何数据，表示不返回任何值，目的是结束函数。

【例 4.9】判断素数，使 return 后面不跟任何数据。

相应代码如下：

```
#include <stdio.h>
void prime(int n)
{
    int is_prime=1, i;

    if(n < 0)
    {
        printf("%d is a illegal number.\n", n);
        return;                //return 后面不带任何数据
    }
    for(i=2; i<n; i++)
    {
        if(n % i==0)
        {
            is_prime=0;
            break;
        }
    }
    if(is_prime > 0)
    {
        printf("%d is a prime number.\n", n);
    }
    else
    {
        printf("%d is not a prime number.\n", n);
    }
}
int main()
{
    int num;
    scanf("%d", &num);
    prime(num);
    return 0;
}
```

程序运行过程为：

```
输入需要判断的数：
2                  （键盘输入）
2 is a prime number

输入需要判断的数：
6                  （键盘输入）
6 is not a prime number
```

知识点拨： 在例 4.9 的程序中，函数 "prime()" 的返回值是 "void"，故 "return"

后面不能带任何数据，直接写分号即可。

4.4　函数的调用

4.4.1　函数调用的一般格式

函数调用的一般格式为：

函数名 (实参列表);

在未出现函数调用时，定义函数中指定的形参并不占内存中的存储单元。

结合例 4.7 进行分析，在发生函数调用时，函数 max 的形参才被临时分配内存单元，将实参的值传递给对应的形参。在执行函数 max 期间，因为已经赋予了形参具体值，之后就能利用形参进行相关计算，比如进行两个数的比较，或者将一个数的值赋予另一个数等。

然后通过 return 语句将函数值带回到主调函数。在 return 语句中，指定的返回值是 z，z 就是函数 max 的值，又称返回值。执行 return 语句就是把这个函数返回值带入主调函数 main。这里我们应当注意返回值的类型和函数类型是否一致。函数 max 为 int 型，返回值是变量 z，也是 int 型，二者一致。如果函数不需要返回值，则不需要 return 语句，这时，函数的类型应定义为 void 类型。

注意： 函数调用结束后，形参单元被释放，实参单元仍保留并维持原值，不发生改变。

4.4.2　函数调用的方式

按函数在程序中出现的位置来分，可以有以下 3 种函数的调用方式。

（1）函数语句：把函数调用作为一个语句，如 "printstar()"。此时，对函数的返回值不做要求，只需要函数完成一定的操作。

（2）函数表达式：函数出现在一个表达式中，这种表达式称为函数表达式。这时，要求函数带回一个确定的值以参加表达式的运算，如 "c=2*max(a,b);"。

（3）函数参数：函数调用作为一个函数的实参，如 "M=max(a,max(b,c));"，其中"max(b,c)"是一次函数调用，它的值作为函数 max 另一次调用的实参，M 的值是 a、b、c 中的最大者。又如 "printf("%d",max(a,b));"，也是把 "max(a,b)" 作为 printf 函数的一个参数。函数调用作为函数的参数，实质上也是函数表达式形式调用的一种，因为函数的参数本来就要求是表达式形式。

4.4.3　函数的嵌套和递归调用

1. 函数的嵌套调用

在 C++ 中，函数定义时互不干扰，相互独立，即定义函数时，一个函数内不允许再定义另一个函数，也就是不能嵌套定义。但 C++ 允许嵌套调用函数，即调用一个函数的同时也可以调用另一个函数。具体如图 4-1 所示。

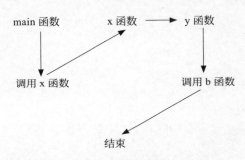

图4-1　函数的嵌套调用示意

图 4-1 中表示的是两层嵌套（算上 main 函数共 3 层函数），其执行过程如下。

（1）执行 main 函数的开头部分，遇函数调用语句，调用 x 函数，流程转去 x 函数。

（2）执行 x 函数的开头部分，遇函数调用语句，调用 y 函数，流程转去 y 函数。

（3）执行 y 函数，如果再无其他嵌套的函数，则完成 b 函数的全部操作。

（4）返回到 x 函数中调用 y 函数的位置，继续执行 x 函数中尚未执行的部分，直到 x 函数结束。

（5）返回 main 函数中调用 x 函数的位置，继续执行 main 函数的剩余部分直到结束。

【例 4.10】求 5 个数中的最大值。

相应代码如下：

```
#include<stdio.h>
int main()
{
    int max5(int a,int b, int c, int d, int e);
    int a,b,c,d,e,max;
    printf(" 输入 5 个数 :\n");
    scanf("%d %d %d %d %d",&a,&b,&c,&d,&e);
    max=max5(a,b,c,d,e);
    printf("max=%d\n",max);
    return 0;
```

```
    }
    int max5(int a, int b, int c, int d, int e)
    {
        int max2(int a, int b);
        int m;
        m=max2(a,b);
        m=max2(m,c);
        m=max2(m,d);
        m=max2(m,e);
        return(m);
    }
    int max2(int a, int b)
    {
        if(a>=b)
            return a;
        else
            return b;
    }
```

程序运行结果为：

```
输入 5 个数：
5  10  7  45  10
max=45
```

知识点拨： 从这段代码中可以看出，主函数的目的为调用 max5 函数，所以先对 max5 函数进行声明。然后在 max5 函数中调用了 4 次 max2 函数，同时在 max5 函数中对 max2 函数进行声明。因为主函数中没有直接调用 max2 函数，所以没必要对 max2 函数进行声明，在 max5 函数中对 max2 函数声明即可。

max5 函数的执行过程如下：max2 函数得到的函数值是 a 和 b 中的较大值，将其值赋给变量 m。第 2 次调用 max2 得到 m 和 c 中的最大者，也就是 a、b、c 中的最大者，再把它赋值给变量 m。第 3 次调用 max2 得到 m 和 d 中的最大者，也就是 a、b、c、d 中的最大者。第 4 次调用 max2 得到 m 和 e 中的最大者，也就是 a、b、c、d、e 中的最大者，再把它赋值给 m。这是一种递推方法，先求出两个数中较大的一个，再以此为基础求出 3 个数中最大的一个、4 个数中最大的一个,最终求出 5 个数中的最大者。

2. 函数的递归调用

在调用一个函数的过程中直接或间接地调用该函数本身，称为函数的递归调用，C 语言的特点之一就是允许函数递归调用。例如：

```
int f (int a)
{
    int b,c;
    c=f(b);
    return (2*c);
```

```
}
```

如果在调用函数 f 的过程中又调用 f 函数，是直接调用本函数，如上例所示。

如果在调用 f1 函数的过程中调用 f2 函数，而在调用 f2 函数的过程中又要调用 f1 函数，就是间接调用本函数。

可以看出，这两种递归调用都是无终止的递归调用，而函数中只应出现有限次数的、有终止的递归调用，因此可以用 if 语句来进行控制，使其只有在某一条件成立时才可继续执行递归调用，否则就不再继续。

下面以例 4.11 进行递归函数调用的说明。

【例 4.11】求阶乘，用递归方法求 "n!"。

相应代码如下：

```
#include<stdio.h>
int main()
{
    int factorial(int n);
    int n;
    int b;
    printf("input an integer number:\n");
    scanf("%d",&n);                    // 输入要求阶乘的数
    b=factorial(n);
    printf("%d!=%d\n",n,b);
    return 0;
}
int factorial(int n)
{
    int a;
    if(n<0)                            //n 不能小于
        printf("n<0,data error!");
    else if(n==0||n==1)                //n=0 或 n=1 时 n!=1
        a=1;
    else
        a=factorial(n-1)*n;            //n>1 时 ,n!=n*(n-1)*(n-2)...2*1
    return(a);
}
```

程序运行结果为：

```
input an integer number:
6
6!=720
```

知识点拨：实现递归算法时，需要注意递归体和递归结束条件缺一不可。该程序中求解阶乘时给出了递归的条件：n>0。如果不给出递归条件，会导致内存溢出。后

续调用了函数体，实现了递归体"factorial(n−1)*n"。

4.5 函数指针

4.5.1 函数的地址和指向函数的指针

变量是存放在内存中的。只要是存放在内存中的二进制数就会有一个内存的地址，因此，所有变量都是有地址的。函数是由一些运行的语句组成的，程序运行的时候就会把函数中的语句调用到内存中。函数代码在内存中开始的那个内存空间的地址称为函数的入口地址。

调用函数时，从函数的入口地址处执行函数代码。函数名表示函数的起始地址，定义一个指向函数的指针变量，用来存放某一函数的起始地址，这就意味着此指针变量指向该函数。

函数指针的定义方法为：

函数返回值类型 (* 指针变量名) (函数参数列表);

其中，"函数返回值类型"表示该指针变量可以指向具有什么返回值类型的函数；"函数参数列表"表示该指针变量可以指向具有什么参数列表的函数。这个参数列表中只需要写函数的参数类型即可。

可以看出，函数指针的定义就是将"函数声明"中的函数名改成"(* 指针变量名)"。但是，这里需要注意的是："(* 指针变量名)"两端的括号不能省略，括号改变了运算符的优先级。如果省略了括号，就不是定义函数指针，而是一个函数声明了，即声明了一个返回值类型为指针型的函数。例如：

int(*p)(int,int);

在该代码中，定义了 p 是一个指向函数的指针变量，它可以指向一个函数范围值类型为整型，且有两个整型参数的函数。此时，指针变量 p 的类型可以用"int(*)(int, int)"表示。

4.5.2 函数指针的使用

1. 通过函数名调用函数

以下面这个例子来介绍通过函数名调用函数的方法：

int Func(int x);   // 声明一个函数

```
int (*p) (int x);          // 定义一个函数指针
p=Func;                    // 将 Func 函数的首地址赋给指针变量 p
```

该代码在进行赋值时,函数 Func 不加括号与参数,只是代表函数的首地址。所以,经过赋值,指针变量 p 会指向函数 Func 的首地址。

2. 通过指针变量调用它所指向的函数

【例 4.12】求 x,y 中的最大值。

相应代码如下:

```
# include <stdio.h>
int max(int, int);              // 函数声明
int main(void)
{
    int(*p)(int, int);          // 定义一个函数指针
    int x, y, z;
    p=max;                      // 把函数 max 赋给指针变量 p,使 p 指向 max 函数
    printf("please enter x and y:\n");
    scanf("%d %d", &x, &y);
    z=(*p)(x, y);               // 通过函数指针调用 max 函数
    printf("x=%d\n y=%d\n max=%d\n", x ,y, z);
    return 0;
}
int max(int a, int b)           // 定义 max 函数
{
    int c;
    if (a > b)
    {
        c=a;
    }
    else
    {
        c=b;
    }
    return c;
}
```

程序运行结果为:

```
please enter x and y:
2 3
x=2
y=3
max=3
```

知识点拨: 例 4.12 中的程序定义了函数指针,并将 max 函数赋给指针变量 p,使 p 指向 max 函数,然后定义 max 函数接受指针变量 p,求出最大值。

【**例 4.13**】求两个数中的最大值。

相应代码如下：

```
#include<stdio.h>
int main()
{
    int max(int,int);
    int(*p)(int,int);
    int x,y,z;
    p=max;
    printf("please enter x and y:");
    scanf("%d %d",&x,&y);
    z=(*p)(x,y);
    printf("x=%d\n y=%d\n max=%d\n", x ,y, z);
    return 0;
}
int max(int a, int b)
{
    int c;
    if(a>b)
        c=a;
    else
        c=b;
    return(c);
}
```

程序运行结果为：

```
please enter x and y:
2  3
x=2
y=3
max=3
```

知识点拨： 从例 4.12 和 4.13 的程序中可以看出，两个程序的 max 函数是相同的。不同点在于 main 函数中调用 max 函数的方法不同：例 4.12 是函数调用，例 4.13 是指针调用。

4.6　函数重载

所谓重载，就是赋予标识符新的含义，即"一物多用"。当标识符为函数时，为函数重载；当标识符为运算符时，为运算符重载（具体内容参见第 9 章）。

在考虑求多个数值中的最大数的问题时，针对不同类型的参数，需要编写不同的函数：

```
int max1(int a, int b, int c);          // 3 个整型数值求最大值
float max2(float a, float b);           // 2 个实型数值求最大值
long max3(long a, long b, long c);      // 3 个长整型数值求最大值
```

这种做法虽然可行，但非常不方便。对此，可以考虑为这 3 个函数取相同的名字，在程序运行时，系统会根据实际参数的不同，调用相应的函数。这就是所谓的函数重载。函数重载即指同一作用域内的不同函数，名称相同但形参不同。

假设有几个名为 maxValue 的函数：

```
int maxValue(int a, int b);
int maxValue(int a, int b, int c);
int maxValue(int a, int b, int c, int d);
```

这些函数接收的形参类型不一样，但是执行的操作非常类似。在调用这些函数时，编译器会根据传递的类型推断想要的函数。例如：

```
maxValue(3, 4);          // 调用 maxValue(int a, int b)
maxValue(3, 4, 5);       // 调用 maxValue(int a, int b, int c)
maxValue(3, 4, 5, 6);    // 调用 maxValue(int a, int b, int c, int d)
```

函数名称只能告诉编译器调用该函数。函数重载可以在一定程度上减轻在函数名命名上所需的操作量。

注意：

（1）重载函数的参数个数与参数类型，两者必须至少有一个不相同。函数返回值类型可以相同也可以不同。

（2）不允许参数个数和类型都相同而只有返回值类型不同。如 int max(int a, int b) 和 float max(int a, int b) 不能构成重载函数。

【例 4.14】写一个加法器的程序。

相应代码如下：

```
#include<iostream>
using namespace std;
int main()
{
    int max(int a, int b, int c);
    int max(int a, int b);
    int a=10;
    int b=20;
    int c=30;
    cout << max(a, b, c) << endl;
    cout << max(a, b) << endl;
    return 0;
}
int max(int a, int b, int c)
```

```
{
    if (b>a)
        a=b;
    if (c>a)
        a=c;
    return a;
}
int max(int a, int b)
{
    return (a>b) ? a:b;
}
```

程序运行结果为：

```
30
20
```

知识点拨： 例 4.14 中的程序也实现了函数重载，但与例 4.13 不同的是参数数量的区别。例 4.14 中的函数 "max()" 可以分别接收 2 个或 3 个参数，并实现相应的功能。通过上面的代码可以看出，函数重载不仅可以通过不同类型的参数实现，还可以通过参数个数的不同实现。

4.7 函数模板

4.7.1 函数模板的概念

函数模板是用来描述函数的功能框架，但它不是实体函数，编译器不能为其生成可执行代码。定义函数模板后只是一个对函数功能框架的描述，当它具体执行时，将按照其传递的实际参数决定其功能。

举一个最简单的例子，为了交换两个整型变量的值，需要编写下面的 swap 函数：

```
void swap(int& x,int& y)
{
    int temp=x;
    x=y;
    y=temp;
}
```

为了交换两个 double 型变量的值，还需要编写下面的 swap 函数：

```
void swap(double& x, double& y)
{
    double temp=x;
    x=y;
```

```
        t=temp;
    }
```

为了使上述两个 char 型变量的值进行互换，还需要重新编写 swap 函数。通过观察可以看出，swap 函数在形式上是统一的，但在处理数据类型上存在一定的差异，如果只写一次 swap 函数，让其交换各种类型变量的值，将使问题得到简化，由此便产生了模板的概念。

函数模板实际上是建立一个通用函数，其函数类型和形参类型不具体指定，用一个虚拟类型来代表。这个通用函数就称为函数模板。

凡是函数体相同的函数都可以用这个模板来代替，不必再定义多个函数，只需在模板中定义一次即可。在调用函数时，系统会根据实参的类型来取代模板中的虚拟类型，从而实现不同函数的功能。函数模板比函数重载更方便，程序更简捷。

4.7.2　函数模板的使用

C++ 支持模板。如果只有一个模板，就只写一个 swap 模板，编译器会根据此模板自动生成多个 swap 函数，方便交换不同类型变量的值。

在 C++ 中，模板分为函数模板和类模板两种。函数模板用于生成函数，类模板则用于生成类。

函数模板的通用格式如下：

```
template <class 类型参数 1,class 类型参数 2,...>
返回值类型 模板名 ( 形参表 )
{
    函数体
}
```

其中的 "class" 关键字也可以用 "typename" 关键字替换，例如：

```
template <typename 类型参数 1,typename 类型参数 2,...>
```

函数模板表面上是一个函数，前面提到的 swap 函数模板便可写成如下形式：

```
template <typename T>
void swap(T& x, T& y)
{
    T tmp=x;
    x=y;
    y=tmp;
}
```

"T" 作为类型参数，在编译器通过模板生成函数时，能利用具体的类型名替换模板中所有的类型参数，而其他部分会完全保留下来。同一类型的参数只能被同一类型的替换。编译器在编译时，遇到调用函数模板的语句，会参照实参类型判断如何替换模板中的类型参数。

【例 4.15】引用实现两个数的置换应用实例。

相应代码如下：

```
#include "stdio.h"
int main()
{
    int n=1, m=2;
    swap(n, m);          // 编译器自动生成 void swap (int&, int&) 函数
    double f=1.2, g=2.3;
    swap(f, g);          // 编译器自动生成 void swap (double&, double&) 函数
    printf("%d %d\n",n,m);
    printf("%.1f %.1f\n",f,g);
    return 0;
}
```

程序运行结果为：

```
2 1
2.3 1.2
```

知识点拨： 例 4.15 中的编译器在编译到"swap(n,m);"时，找不到函数 swap 的定义，此时实参"n""m"都是 int 类型的，用 int 类型替换 swap 模板中的"T"，能得到下面的函数：

```
void swap (int& x,int& y)
{
    int temp=x;
    x=y;
    y=temp;
}
```

知识点拨： 该函数可以匹配"swap(n,m);"这条语句，此时编译器自动用"int"替换 swap 模板中的"T"，生成上面的 swap 函数。将该 swap 函数的源代码加入程序中一起编译，并且将"swap(n,m);"编译成对自动生成的 swap 函数的调用。

本章习题

1. 求方程 $ax^2+bx+c=0$ 的根。用 3 个函数分别求当 b^2-4ac 大于 0、等于 0 和小于 0 时的根，并输出结果，从主函数输入 a、b、c 的值。

2. 输入 5 个学生 3 门课的成绩，分别用函数求：

（1）每个学生的平均分。

（2）每门课的平均分。

3. 定义一个函数，输出 3 个整数的最大值，并使用函数指针输出 3 个整数的最大值。

4. 用一个函数求出 2 个整数或者 3 个整数的最大值（要求使用函数重载）。

5. 输入两个整数，将它们按照由小到大的顺序输出（要求使用变量的引用）。

6. 编写一个程序，对 3 个数据由小到大输出。数据类型可以是整型、单精度浮点、双精度浮点。分别使用函数重载和函数模板实现，并将两者进行对比分析。

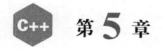

第 5 章

类和对象

5.1 从结构体到类

数组能够保存大量的数据，但是一个数组只能够保存一种类型的数据。而在平时编写程序时，需要用到不同数据类型的一个整体结构。例如一名学生，其拥有不同的属性，如姓名、年龄、学号、性别等。这时，就要用不同的数据类型来保存这些属性，并且要用一个新的数据类型来保存这些不同的数据类型的数据的集合，而结构体就是一个这样的数据类型。

在接下来的学习中，大家会学习一个和结构体类似的数据类型——类（Class）。类是对象的抽象。利用面向对象的方式开发应用程序时，会遇到各类事物抽象为类的情况。类包括数据和操作数据的方法。用户访问类中的数据和方法时，应该通过实例化类的对象的方式实现。

类和结构体的数据结构很相似，但有本质的区别。

结构体是一种值类型，而类是引用类型。结构体是被当作值来使用的，类则通过引用对实际数据进行操作。类是反映现实事物的一种抽象，而结构体只是包含了不同类别的具体数据的一种包装。

可以说，在 C++ 中，结构体类型只是类的一个特例，二者间的区别主要在于类成员的缺省的访问权限是私有（private）的，而在结构体类型中，其成员的缺省的存取访问权限是公用（public）的。

类是面向对象程序设计（Object-Oriented Programming，OOP）实现信息封装的基础。类是一种用户定义的引用数据类型，又称为类类型。每个类包含数据说明和一组操作数据或传递消息的函数。类的实例称为对象。

类实质上是一种引用数据类型，它和 byte、short、int（char）、long、float、double 这些基本数据类型有相似之处，但又有本质上的区别。类是一种复杂的数据类型，而不是单一的数据，所以不存在于内存中，不能被直接操作；只有当其被实例化为对象时，才具有可操作性。

类具有 4 个特点，分别为抽象、封装、继承、多态。下面分别介绍其含义。

1. 抽象

（1）抽象的过程是将有关事物的共性进行归纳、集中的过程。

（2）抽象是为了表示同一类事物的本质。

（3）类是对象的抽象，而对象是类的特例（即对象是类的具体表现形式）。

2. 封装

（1）它将有关数据和操作代码封装在一个对象中，形成一个基本单位，各对象之间相互独立、互不干扰。

（2）将对象中某些部分对外隐藏，即隐藏其内部细节（私有变量），只留下少量接口（公用函数），以便与外界联系，接收外界的信息。信息隐藏有利于保障数据的安全，防止无关的人查看和修改数据。

3. 继承

（1）继承是指一个类对象直接使用另一个类对象的属性和方法。

（2）继承这一特点便于利用一个已有的类建立一个新的类，大大节省了编程的工作量（软件重用）。

（3）被继承的类为父类（基类），继承的类为子类（派生类）。

（4）继承机制包括公用继承、私有继承、保护继承。

4. 多态

（1）由继承产生的不同派生类，其对象对同一消息会做出不同的响应。

（2）多态性能增加程序的灵活性。

5.2　类的定义以及类的成员

通过上面对类的概念和特点的介绍，已经对类的类型有了初步了解。下面，便进一步学习类的定义方法。

在对类进行定义时，需要先写类的关键字 class，后面跟着类名；大括号内是存放类成员的范围，与结构体类型相似，类型成员包含变量和函数，大括号的后面要加分号。

示例如下：

```
class 类名
{
    成员权限：
    类成员（变量，方法）
};
```

接下来介绍如何用 C++ 中的语言定义类。

类定义的语法形式简单易懂，但必须注意 class 关键字（注意大小写），因为它是定义类的关键字。类的定义格式包括声明部分和实现部分。声明部分的作用为说明该类中的成员，包含数据成员的声明和成员函数的声明。成员函数的作用为对数据成员进行操作，又称为"方法"，实现部分是对成员函数的具体定义。可将其通俗理解为：声明部分主要是"干什么"，而实现部分是"怎么干"。

类定义的格式如下：

```
class  类名
{
    private:
     成员数据；
        成员函数；
    public:
     成员数据；
        成员函数；
    protected:
     成员数据；
        成员函数；
};                                          // 必须有分号
```

【例 5.1】定义一个矩形类。

相应代码如下：

```
#include <iostream>
using namespace std;
class CRectangle
{
public:
    int w, h;                    // 成员变量，宽和高
    void init( int w_,int h_ );  // 成员函数，设置宽和高
    int calArea();               // 成员函数，求面积
    int calPerimeter();          // 成员函数，求周长
};                               // 必须有分号
```

知识点拨： 例 5.1 的程序中的第 3 行至第 10 行定义了一个类，类的名字叫"CRectangle"。该类体中定义了公用的数据成员（宽和高）和 3 个公用的成员函数。这 3 个公用的成员函数分别用来初始化成员变量（init 函数）、计算面积（calArea 函数）、

计算周长（calPerimeter 函数）。在这里需要注意的是：该类的成员函数没有具体实现。

【例 5.2】定义并实现一个学生类。要求：

（1）包含学生的姓名、性别、年龄、学号、数学和语文成绩。

（2）定义成员函数 setVaule，为成员变量赋值。

（3）定义成员函数 showVaule，将成员变量显示在屏幕上。

（4）定义成员函数 calAverageScore，计算出学生的平均成绩。

相应代码如下：

```
#include <iostream>
#include <string>
using namespace std;
class Student
{
private:                          // 私有成员变量
    string name;                  // 成员变量姓名
    char sex;                     // 成员变量性别
    int age;                      // 成员变量年龄
    string ID;                    // 成员变量学号
    float mathScore;              // 成员变量数学成绩
    float ChineseScore;           // 成员变量语文成绩
public:                           // 公用成员函数
    // 成员函数 setVaule 为成员变量赋值
    void setValue(string n, char s, int a, string id, float ms, float cs )
    {
        name=n;
        sex=s;
        age=a;
        ID=id;
        mathScore=ms;
        ChineseScore=cs;
    }
    // 成员函数 showVaule 将成员变量显示在屏幕上
    void showValue()
    {
        cout<<"name="<<name<<endl;
        cout<<"sex="<<sex<<endl;
        cout<<"age="<<age<<endl;
        cout<<"ID="<<ID<<endl;
        cout<<"mathScore="<<mathScore<<endl;
        cout<<"ChineseScore="<<ChineseScore<<endl;
    }
    // 成员函数 calAverageScore 计算出学生的平均成绩
    float calAverageScore()
    {
```

```
            return (mathScore+ChineseScore)/2.0;
    }
};

int main()
{
    Student s;                                              // 定义类的对象 s
    s.setValue("Zhang san",'F',20,"B2021001",85,95);        // 成员变量赋初值
    s.showValue();                                          // 显示成员变量
    float averageScore=s.calAverageScore();
    cout<<"averageScore="<<averageScore<<endl;
    return 0;
}
```

程序运行结果为：

```
name=Zhang san
sex=F
age=20
ID=B2021001
mathScore=85
ChineseScore=95
averageScore=90
```

知识点拨： 例 5.2 中的程序完整地描述了一个类的定义、实现和测试的过程。首先是类的定义，该类定义了一个学生类，类名为 "Student"，并定义了类的 6 个私有成员变量和 3 个公用成员函数。其次，具体实现了上面 3 个成员函数，实现方式为类内实现。在测试主函数（main 函数）时，先定义了 Student 类的对象 s，并通过对象 s 调用类的 3 个成员函数，依次为对象赋初值、显示成员变量并计算平均成绩，最后将平均成绩输出到屏幕上。

5.2.1 类的数据成员

类中的数据成员就是类中的一个实际变量。在 C++ 中，属性是用变量来表示的，而这种变量就是实例变量。

【例 5.3】类的数据成员。

相应代码如下：

```
#include <iostream>
using namespace std;
class Demo
{
public:
    void print();          // 类的成员函数
private:
```

```
    int age;              // 定义类的数据成员
};
```

在上面的程序中，"age"就是一个数据变量，定义方式与 C 语言中的数据类型相同，但类的数据成员区别于一般的数据成员。

类的成员变量是属于一个类的成员，出现在类体中；成员变量可以被指定为公用、私有和受保护（一般应指定为私有）；类的数据成员包括常数据成员和静态数据成员。

1. 常数据成员

在 C++ 中，使用"const"关键字修饰的成员变量就是常数据成员变量。C++ 规定了两种定义方式："const int c;"和"int const c;"。

特别需要注意以下两个问题。

（1）无论是什么函数都不可以对常量 c 进行赋值和修改。

（2）必须且只能在构造函数的成员初始化列表中对其进行初始化（详见第 6 章6.2.4 的内容）。

【例 5.4】一个常数据成员变量的应用实例。

相应代码如下：

```
#include <iostream>
using namespace std;
class Time
{
public:
    const int hour;                 // 定义常数据成员变量
    int minute;
    int second;

    // 采用参数初始化表的构造函数对常数据成员变量进行初始化
    Time(int h, int m, int s):hour(h)
    {
        minute=m;
        second=s;
    }
    void showTime()                 // 显示时间
    {
        cout<<hour<<":"<<minute<<":"<<second<<endl;
    }
};

int main()
{
    Time t(8,10,30);
    t.showTime();                   // 输出 8:10:30
    t.minute=15;                    // 修改普通成员变量（公用）的值是允许的
    t.showTime();                   // 输出 8:15:30
```

```
        t.hour=9;                        // 修改常数据成员变量的值是不允许的，报错
        t.showTime();
        return 0;
}
```

知识点拨： 例 5.4 中的程序在 Time 类中定义了 3 个公用的成员变量：hour、minute 和 second（通常情况下，成员变量定义为私有变量，此处主要为了在类体外修改变量的值），并将 hour 定义为常数据成员变量，将其他两个变量定义为普通成员变量。

在 main 函数中，先定义了一个 Time 类的对象 t，初始化时间为 8:10:30，然后重新设置 minute 的数值为 15，显示结果为 8:15:30。接着，试图更改 hour 的数值为 9，这时，程序会报错，因为常成员变量的值不能修改。

2. 静态数据成员

静态数据成员是类的一种特殊的数据成员，它以关键字"static"开头。例如：

```
class Box
{
public:
    int volume( );
private:
    static int height;        // 把 height 定义为静态数据成员
    int width;
    int length;
};
```

当类的某个变量为各个对象共有时，可以将其定义为静态数据成员。静态数据成员在内存中占一份空间，且可以被每个对象引用。静态数据成员的值对所有对象是相同的，如果其值发生改变，那么，各个对象中数据成员的值同时会发生改变。静态数据成员可以节约空间、提高效率。

使用静态数据成员时，需要注意以下几点。

（1）静态数据成员不属于某一个对象，在为对象分配的空间中不包括静态数据成员所占的空间。静态数据成员是在所有对象之外分配单独的空间。只要在类中定义了静态数据成员，即使不定义对象，也为静态数据成员分配空间，它可以被类直接引用。

（2）在为静态数据成员分配空间时不受建立对象的影响，释放时也不受撤销对象的影响。静态数据成员是在程序编译时被分配空间的，到程序结束时才释放空间。

（3）静态数据成员只能在类体外进行初始化。

其一般形式为：

```
数据类型 类名 :: 静态数据成员 = 初值；
```

例如：

```
int Box::height=10;                // 表示对 Box 类中的数据成员初始化
```

（4）静态数据成员既可以通过对象名"(box1.)"引用，也可以通过类名"(BOX::)"引用。

【例 5.5】引用静态数据成员的实例。

相应代码如下：

```
#include <iostream>
using namespace std;

class Box
{
public:
    Box(int,int);
    int volume( );
    static int height;              // 静态的数据成员
    int width;
    int length;
};
// 通过构造函数对 width 和 length 赋初值
Box::Box(int w,int len)
{
    width=w;
    length=len;
}
```

注意：

（1）在例 5.5 的程序中，height 被定义为公用的静态数据成员，在类外可以直接引用该静态数据成员。

（2）类外可以通过对象名引用公用的静态数据成员，也可以通过类名引用静态数据成员。即使不存在定义类对象，也可以通过类名引用静态数据成员。这进一步说明了静态数据成员不属于对象，而属于类，但类的对象可以引用它。

（3）如果静态数据成员被定义为私有的，则不能在类外直接引用，而必须通过公用的（静态）成员函数引用。

5.2.2 类的成员函数

1. 成员函数

在 C++ 中，类的属性用数据的储存结构实现，称为类的数据成员；类的操作用函数实现，称为类的成员函数。以上都是类的成员。类的成员函数与普通函数一样，都有返回值和参数列表，而且成员函数是类的成员，出现在类体中，它的作用范围由类来决定。在使用类函数时，要注意调用它的权限（即它能否被调用）以及它的作用域（即类函数能使用什么范围内的数据和函数）。

类的成员函数与一般函数的区别如下。

（1）成员函数是属于一个类的成员，出现在类体中。

（2）成员函数可以被指定为公用、私有和受保护（一般应指定为公用）。

（3）成员函数可以访问类中的任何其他成员，可以引用在其作用域中有效的数据，函数名则是类的对外接口。

简单的成员函数的实现可以在类中定义，此时，编译器把它作为内联函数处理。例如 Student 类的定义，便是在类体中定义了成员函数。

【例 5.6 】类的成员函数在类内的定义方法。

相应代码如下：

```
#include <iostream>
#include <string>
using namespace std;
class Student
{
private:
    string name;
    int age;
    float score;
public:                              // 公用成员函数
    Student(string n, int a, float s)    // 在类体内实现的成员函数
    {
        name=n;
        age=a;
        score=s;
    }
    void showStudent()               // 在类体内实现的成员函数
    {
        cout<<name<<" 的年龄是 "<<age<<", 成绩是 "<<score<<endl;
    }
};

int main()
{
    Student s("Zhang san", 24, 89);  // 定义对象方法
    s.showStudent();                 // 使用对象去调用成员函数
    return 0;
}
```

程序运行结果为：

Zhang san 的年龄是 24, 成绩是 89

知识点拨： 例 5.6 的程序定义了一个学生类，包含 3 个私有变量、1 个构造函数

（具体内容详见第 6 章）、1 个用于显示学生信息的公用成员函数"showStudent"，该函数的实现在类体中跟普通的函数相同。在该函数中，函数的形参表列为空，但在成员函数体中是可以访问类的私有成员变量的（关于类成员的访问属性详见第 5 章 5.2.3 的内容）。在主函数中，先定义了类的对象 s；然后，通过 s 调用成员函数显示类的成员信息；最后，程序输出对象的信息。

　　成员函数可以在类体内进行定义，也可以在类体外进行定义。在类体外定义类的成员函数的方法如下：

返回类型　类名 :: 函数名 (参数表)

　　其中，作用域区分符由两个冒号构成，它用于标识成员属于哪个类。

　　Student 类的成员函数除了直接在类内定义，还可以直接定义在类外，写法见例 5.7。

【例 5.7】类的成员函数在类外的定义方法。

　　相应代码如下：

```
#include <iostream>
#include <string>
using namespace std;
class Student
{
private:
    string name;
    int age;
    float score;
public:                                        // 公用成员函数
    Student(string n, int a, float s)          // 构造函数
    {
        name=n;
        age=a;
        score=s;
    }
    void showStudent();                        // 成员函数在类体内声明
};

// 在类体外实现成员函数
void Student::showStudent()
{
    cout<<name<<" 的年龄是 "<<age<<", 成绩是 "<<score<<endl;
}

int main()
{
    Student s("Zhang san", 24, 89);            // 定义对象方法
    s.showStudent();                           // 使用对象去调用成员函数
```

```
        return 0;
    }
```

程序运行结果为:

Zhang san 的年龄是 24, 成绩是 89

知识点拨: 在例 5.7 的程序中, 成员函数 "showStudent" 先在类体中做原型声明, 然后在类体外定义。也就是说, 类体的位置应在函数定义的前面, 以避免编译过程中报错。这种情况下, 虽然是在类的外部定义了函数, 但在调用成员函数时会根据在类中声明的函数原型找到函数的定义 (函数代码), 从而执行该函数。

类外定义的优点主要有以下两个。

(1) 可以减小类体的长度, 使类体清晰, 便于阅读。

(2) 使类的声明和实现相分离, 对功能的执行细节进行隐藏, 极大地保证了软件功能的安全运行。

成员函数有以下两个作用。

(1) 操作数据成员, 包括访问和修改数据成员。

(2) 由于成员函数通过参数与其他对象协同操作, 因此成员函数用于协调不同对象的操作, 传递消息。

2. inline 成员函数

inline 成员函数为内联函数 (也叫内置函数)。在类内定义的成员函数可以不加 inline 关键字, 因为类内成员函数默认为内置函数。类内声明、类外定义的成员函数如果成为内置函数, 需要用 inline 做显式声明, 如例 5.8 所示。

【例 5.8】 inline 成员函数的应用实例。

相应代码如下:

```
#include <iostream>
#include <string>
using namespace std;
class Student
{
private:
    string name;
    int age;
    float score;
public:                              // 公用成员函数
    Student(string n, int a, float s)   // 构造函数
    {
        name=n;
        age=a;
        score=s;
    }
```

```
        inline void showStudent();            // 成员函数在类体内声明
};

// 在类体外实现成员函数
inline void Student::showStudent()
{
        cout<<name<<" 的年龄是 "<<age<<", 成绩是 "<<score<<endl;
}

int main()
{
        Student s("Zhang san", 24, 89);       // 定义对象方法
        s.showStudent();                      // 使用对象调用成员函数
        return 0;
}
```

程序运行结果为：

Zhang san 的年龄是 24, 成绩是 89

　　知识点拨： 当循环等控制结构不包含在类体中定义成员函数时，C++ 系统会默认将其识别为内联函数，极大减少了调用成员函数所需要花费的时间。这意味着，这些成员函数在被程序调用时，并非真正执行函数的调用过程（如保留返回地址等处理），而是将程序的调用点嵌入函数代码中。

　　3. 成员函数的储存方式

　　在用类定义对象时，系统会为每一个对象分配存储空间。如果一个类包括了数据和函数，要分别为数据和函数的代码分配存储空间。图 5-1 演示了只用一个空间来存放这段共同的函数代码，在调用各个对象的函数时，都会调用这个公用的函数代码。

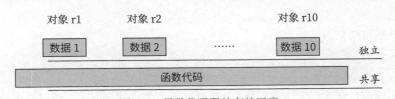

图 5-1　函数代码段的存放示意

　　由图 5-1 可知，当同一类中定义了多个对象时，虽然每个对象的数据成员各自占据独立的空间，却共享一段共用的函数代码，此操作有利于节约存储空间。C++ 编译系统正是如此，因此，每个对象所占用的存储空间只是该对象的数据成员部分所占用的存储空间，而不包括函数代码所占用的存储空间。而且，一个对象所占用的空间只取决于该对象中的数据成员所占用的空间，而与成员函数无关。例 5.9 可以证明上述结论。

　　【例 5.9】 显示对象所占字节数的实例。

相应代码如下：

```cpp
#include<iostream>
using namespace std;

class Date
{
private:
    int year;
    int month;
    int day;
public:
    void setDate(int y, int m, int d)
    {
        year=y;
        month=m;
        day=d;
    }
    void showDate()
    {
        cout<<year<<"-"<<month<<"-"<<day<<endl;
    }
};

int main()
{
    Date d1,d2;
    d1.setDate(2000,1,1);              // 设置 d1 对象值
    d2.setDate(2021,7,20);             // 设置 d2 对象值
    d1.showDate();                     // 显示 d1 对象值
    d2.showDate();                     // 显示 d2 对象值
    return 0;
}
```

程序输出结果为：

```
2000-1-1
2021-7-20
```

知识点拨： 例 5.9 进一步证明了一个对象所占的空间只取决于该对象中的数据成员所占的空间，而与成员函数无关。若例 5.9 在主函数中定义了两个不同的对象 d1 和 d2，这两个对象的成员函数对应的是同一个成员函数，那输出的对象信息是否一样？如下所示：

```cpp
int main()
{
    Date d1,d2;
    d1.setDate(2000,1,1);              // 设置 d1 对象值
    d2.setDate(2021,7,20);             // 设置 d2 对象值
    d1.showDate();                     // 显示 d1 对象值
```

```
        d2.showDate();              // 显示 d2 对象值
        return 0;
    }
```

很显然，该主函数会输出两个不一样的信息，分别是"2000,1,1"和"2021,7,20"。
因此，就会出现这样一个问题：在调用不同对象的成员函数的同时执行同一段函数代
码，就会产生不同的执行效果。

那么，编译器是如何对不同对象的数据进行操作的？

实际上，C++ 为此专门设立了一个名为"this"的隐含指针，用来指向不同的对象。
当调用对象 d1 的成员函数时，this 指针就指向 d1，成员函数访问的就是 d1 的成员。
我们将在第 6 章（见 6.5.3）中深入学习 this 指针。

5.2.3 类成员的访问属性

在前面我们定义类的成员时，使用了 private、public 等标识符，这些标识符统称
为类成员的访问属性符。在 C++ 中，类的访问属性主要包括 private（私有）、public（公
用）和 protected（受保护）3 类，分别对应私有成员、公用成员和受保护成员。

1. 私有成员

用关键字 private 限定的成员称为私有成员。私有成员变量限定在该类的内部使
用，即只允许该类中的成员函数使用私有的成员数据，私有的成员函数也只能被该类
内的成员函数调用。

【例 5.10】私有成员的访问属性实例。

相应代码如下：

```
#include <iostream>
using namespace std;
class A
{
private:
    int aValue;                 // 私有成员变量
    void fun()                  // 私有成员函数
    {
        cout<<aValue<<endl;
    }
};
```

例 5.10 的程序在类 A 中定义了两个私有的成员，分别是私有成员变量 aValue 和
私有成员函数 fun。如果在类体外（main 函数中）访问 aValue 和 fun，例如：

```
int main()
{
    A a1;
```

```
        a1.aValue=10;
        a1.fun();
        return 0;
    }
```

这时，程序会报错，提示 aValue 和 fun 为私有成员，不能在类外访问，但在类体内的成员函数 fun 中可以访问 aValue 的值。

2. 公用成员

用关键字 public 限定的成员称为公用成员。公用成员的数据或函数不受类的限制，可以在类内或类外自由使用，对类而言是透明的。

【例 5.11】公用成员的访问属性实例。

相应代码如下：

```
#include <iostream>
using namespace std;
class A
{
public:
    int aValue;              //公用成员变量
    void fun()               //公用成员函数
    {
        cout<<aValue<<endl;
    }
};

int main()
{
    A a1;
    a1.aValue=10;
    a1.fun();
    return 0;
}
```

知识点拨： 在例 5.11 中，类成员的访问属性设定为公用。因此，在类体外 main 函数中访问 aValue 和 fun 合法。

3. 受保护成员

用关键字 protected 限定的成员称为受保护成员。受保护的成员只允许在类内及该类的派生类中使用，即受保护成员的作用域是该类及该类的派生类。如果不考虑类的继承和派生（受保护成员在派生类的访问属性详见第 7 章第 7.3 节的内容），受保护成员与私有成员的权限和使用方法一样。

【例 5.12】受保护成员的访问属性实例。

相应代码如下：

```
#include <iostream>
using namespace std;
class A
{
protected:
    int aValue;              // 受保护成员变量
    void fun()               // 受保护成员函数
    {
        cout<<aValue<<endl;
    }
};

int main()
{
    A a1;
    a1.aValue=10;
    a1.fun();
    return 0;
}
```

同样，例 5.12 中的程序会报错，提示 aValue 和 fun 为受保护成员，不能在类外访问，但在类体内的成员函数 fun 可以访问 aValue 的值。

最后，需要注意以下两点。

（1）每一个限制词（private 等）在类体中可被重复使用，一旦使用了限制词，该限制词便一直有效，作用终止于下一个限制词。例如：

```
class Value
{
private:
    int a;
    int b;
public:
    int c;
    int d;
protected:
    int e;
    int f;
};
```

在 Value 类中，变量 a、b 的访问属性是私有，直到遇到下一个访问属性标识符 public。c、d 的访问属性是公用，直到遇到下一个访问属性标识符 protected。e 和 f 的访问属性是受保护。

（2）如果在类的定义中没有指定成员的访问类型，则系统默认的访问类型为私有类型。换句话说，类成员的默认访问类型是私有类型。如例 5.10，如果省略掉代码中的"private"，则类成员的访问属性依然是私有。

5.3　类对象的定义和使用

5.3.1　对象的概念

在前面的例子中，我们用类定义了变量。用类定义的变量称为对象，对象其实就是某一个具体的实体。如一个 Beats 耳机、一个罗技鼠标等，这些具体的事物就称为具体的对象。通常来讲，我们会把同类的事物归结到一起，也就是将同类事物归结为某一类型的对象。例如一个 Beats 耳机就是一个耳机类的具体对象，一个罗技鼠标就是一个鼠标类的具体对象。由此可以知道，类是抽象的，它泛指一类相同的事物；而对象是形象具体的，它可以指代某样具体的东西。概括来讲，对象是类的具体实例，占用存储空间；对象是类类型定义的一个变量。

对象包含静态特征和动态特征两大基本性质。静态特征描述了对象的属性，动态特征则描述了对象的行为。例如对于"电脑"这个对象，其静态特征包含 CPU、硬盘、主板、显卡、声卡、键盘、鼠标、光驱等；动态特征包含打字、上网、玩游戏、编程、处理图像、听音乐、欣赏影视节目等。电脑的组成部件（属性）和使用电脑所做的各种事情(行为)共同描述了一部电脑(对象)。对象的属性和行为总是紧密联系在一起的。对象的属性通常采用数据变量描述，对象的行为通过数据处理的函数来描述。

5.3.2　定义对象的方法

C++ 在定义一个对象时，编译系统会为其所定义的对象分配存储空间，以存放对象中的成员。在 C++ 中，定义对象主要有 3 种方法。

1. 先声明类类型，再定义对象

例如：

```
class A
{
    ......
};
A a1, a2;              // 先声明类类型，再定义对象 a1 和 a2
```

2. 声明类类型的同时定义对象

例如：

```
class A
{
    ......
}a1, a2;               // 在声明类类型的同时定义对象 a1 和 a2
```

该方法简明易懂，适用于小程序或声明的类只用于本程序时的情况。

3. 不出现类名，直接定义对象

```
class
{
    ......
}a1, a2;                // 不出现类名，直接定义对象 a1 和 a2
```

不出现类名，直接定义对象这种方法在 C++ 中是合法的，但是在实际的程序开发过程中，为了不引起歧义，一般多采用先声明类类型再定义对象的方法，即前面所说的第一种方法。

5.3.3　类对象的使用方法

在完成对类的对象定义后，可以采用 3 种方式访问对象成员。

1. 用对象名和成员运算符"（ . ）"访问对象成员

【例 5.13】用对象名和成员运算符"（ . ）"访问对象成员的实例。

相应代码如下：

```
#include <iostream>
using namespace std;
class Rectangle
{
public:
    int length;
    int width;              // 公用数据成员
    void display ( );        // 公用成员函数
};
void Rectangle:: display ( )
{
    cout <<"area="<< length* width <<endl;
}
int main ( )
{
    Rectangle  r1;
    r1.length=5;            // 用对象名和成员运算符"（ . ）"访问数据成员
    r1.width=4;             // 用对象名和成员运算符"（ . ）"访问数据成员
    r1.display ( );          // 用对象名和成员运算符"（ . ）"访问成员函数
    return 0;
}
```

知识点拨：在例 5.13 中，主函数定义了 Rectangle 类的对象"r1"，然后通过对象"r1"和成员访问运算符"(.)"调用类的成员变量和成员函数。

2. 用指向对象的指针访问对象成员

【例 5.14】用指向对象的指针访问对象成员的实例。

相应代码如下：

```cpp
#include <iostream>
using namespace std;
class Rectangle
{
public:
    int length;
    int width;                 // 公用数据成员
    void display ( );          // 公用成员函数
};
void Rectangle:: display ( )
{
    cout <<"area="<< length* width <<endl;
}
int main ( )
{
    Rectangle  r1;
    Rectangle *p=&r1;
    p->length=5;               // 用指向对象的指针访问对象成员变量
    p->width=4;                // 用指向对象的指针访问对象成员变量
    p->display ( );            // 用指向对象的指针访问对象成员函数
    return 0;
}
```

知识点拨：在例 5.14 中，主函数定义了 Rectangle 类的对象"r1"和指向对象"r1"的指针变量"p"，然后通过指针变量"p"和指针访问运算符"->"调用类的成员变量和成员函数。

3. 用对象的引用访问对象成员

【例 5.15】用对象的引用访问对象成员的实例。

相应代码如下：

```cpp
#include <iostream>
using namespace std;
class Rectangle
{
public:
    int length;
    int width;                 // 公用数据成员
    void display ( );          // 公用成员函数
};
void Rectangle:: display ( )
{
    cout <<"area="<< length* width <<endl;
}
int main ( )
{
    Rectangle  r1;
```

```
        Rectangle &r2=r1;
        r2.length=5;                  // 用对象的引用访问数据成员
        r2.width=4;                   // 用对象的引用访问数据成员
        r2.display ( );               // 用对象的引用访问数据成员
        return 0;
    }
```

　　知识点拨： 在例 5.15 中，主函数定义了 Rectangle 类的对象"r1"和对象"r1"的引用"r2"，然后通过"r2"和成员访问运算符"(.)"调用类的成员变量和成员函数。

5.4　类的封装性

　　如前所述，封装性是类的一大特征。

　　封装可以看作将抽象的数据和行为进行有机结合，从而产生一个整体，数据和数据源的有机结合形成了类。在 C++ 面向对象的程序设计中，除了主函数，绝大多数函数是被封装在类中的。而主函数和其他函数可以通过类对象来调用类中的函数。简单而言，可以把类看作自动售货机，用户只要知道如何购买到商品就可以了，而自动售货机到底是如何工作，以及其内部装置是什么样的，用户都无须知道。为了便于理解，可以把类的函数接口比作自动售货机的商品贩售口，而类封装性的函数和数据就可以看作自动售货机的贩卖方式。

　　在类的封装中，不是每个属性都需要对外公开的，这些不公开的属性对外界来说是看不到的，这一特性极大地降低了操作对象的复杂性。封装的目的也可以看作将实现的细节隐藏，只暴露公用接口。这些暴露的接口可以与外界联系，获得外界的信息。这种对外界隐藏的做法叫作信息隐藏。信息隐藏有许多优点，一方面可以防止用户因意外的操作导致数据被修改；另一方面便于模块的使用和维护，显示模块的某些细节时并不会影响到该模块的代码。

　　类的封装性有以下优点。

　　1. 提高安全性

　　封装后的代码和数据不再直接暴露在全局或 main 函数里面，而是有了公用、受保护和私有之分，而访问这些代码和数据需要相应的权限，这就使得封装后的类更加安全。封装使类成为一个具有内部数据的自我隐藏能力，且功能独立的软件模块。

　　2. 提高便利性

　　对象实例化后，直接调用其公用函数完成相应操作，可以减少许多步骤，节省大量的时间，使得实例化一个对象时更加方便。封装隐藏了类的实现细节，而类的使用者只需要知道公用接口就可以使用该类。

3. 防止意外的发生

封装可以防止因意外操作而改变或误用代码，封装后的代码不会被轻易改变，可以有效防止意外的发生。

5.4.1 公用接口与私有实现的分离

上文中提到，C++ 通过类实现封装性，把数据以及跟这些数据有关的所有操作封装在一个类中。也就是说，类的作用是把数据和算法封装在用户声明的抽象的数据类型中。

在声明类时，一般将数据成员指定为私有类型或受保护类型，使它们与外界隔离；把需要让外界调用的成员函数指定为公用，外界通过调用公用函数实现对数据的操作。公用成员函数称为类的对外接口，外界与对象的联系就是通过调用公用成员函数来实现的。通过成员函数对数据成员进行操作的过程，称为类的实现。

为防止用户任意修改公用成员函数，改变数据，往往不让用户看到公用成员函数的源代码，用户只能接触到公用成员函数的目标代码。类中被操作的数据是私有的，实现的细节对用户是隐蔽的，这种实现称为私有实现。类的公用接口与私有实现的分离，称为信息隐藏。

软件工程里面的最基本的原则就是将函数声明与实现分离，它的优点有以下两点：若想修改或者扩充类的功能，只需修改与本类中有关的数据成员和有关的成员函数，程序中类以外的部分可以不用修改。若在编译的时候发现类中的数据读 / 写有错误，不用检查整个程序，只需检查本类中访问这些数据的少部分成员函数即可。

在面向对象的程序开发中，一般是将类的声明（包含函数声明）放在指定的头文件（.h）中，将类的实现放在对应的源文件（.cpp）中。如果其他文件使用该类，在代码中包含该类所在的头文件即可。类的声明和类的成员函数实现的分离在面向对象程序开发中至关重要。

5.4.2 类的封装性举例

不是每个属性都需要对外公开，但如果有一些类的属性是对外公开的，那么必须在类的表示法中定义属性和行为的公开级别。例 5.16 供大家参考。

【例 5.16】类的封装性实例。

相应代码如下：

```cpp
#include<iostream>
using namespace std;
class Girl
{
private:
    int age;
    int weight;
public:
    void print()
    {
        age=22;
        weight=48;
        cout<<"I am a girl, and I am "<<age<<"years old"<<endl;
        cout<<"My weight is "<<weight<<"kg"<<endl;
    }
};

struct Boy              // 男人类
{
private:
    int height;
    int salary;
public:
    int age;
    int weight;
    void print()
    {
        height=175;
        salary=9000;
        cout<<"I'm a boy,my height is"<<height<<"cm"<<endl;
        cout<<"My salary is "<<salary<<"RMB"<<endl;
    }
};

int main()
{
    Girl g;
    Boy b;

    g.print();

    b.age=19;
    b.weight=120;
    b.print();
    return 0;
}
```

程序运行结果为：

```
I am a girl, and I am 22 years old
My weight is 48 kg
I'm a boy, my height is 175 cm
My salary is 9000 RMB
```

知识点拨： 例 5.16 所示的 Girl 类中的 age 和 weight，以及 Boy 类中的 salary 和 height 是私有变量，在 main 函数中不可以直接访问，只能通过公用成员函数 print 访问。Boy 类中 age 和 weight 是公用变量，在 main 函数中可以直接访问。

本章习题

1. 定义一个商品类（Goods），要求：

（1）包含私有数据成员：商品名称（name）、价格（price）、出厂日期（releaseDate，按照"×年×月×日生产"格式，如"2020 年 5 月 10 日生产"）、保质期（expiryDate，按照"×个月"格式，如"24 个月"）。

（2）在类体内定义成员函数 setGoods，为商品对象设置初始值。

（3）在类体外定义成员函数 showGoods，显示商品对象的信息。

（4）在主函数中定义商品类 Goods 的对象，设置并显示商品对象的信息。

请写出完整的程序，上机调试并运行。

2. 定义一个工人类（Worker），要求：

（1）包含成员变量：姓名、性别、年龄、家庭住址、工资。

（2）定义成员函数，通过键盘输入成员信息。

（3）定义成员函数，打印成员信息。

（4）将类的声明放在头文件（worker.h）中，将类的成员函数实现放在源文件中（worker.cpp）。

请写出完整的程序，上机调试并运行。

3. 定义一个圆柱体类，请编写基于对象的程序，数据成员包括原点（xValue、yValue）、半径（radius）、高（height）。要求用成员函数实现以下功能：

（1）用键盘输入圆柱体类的成员信息。

（2）计算圆柱体的表面积。

（3）计算圆柱体的体积。

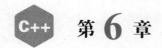 第 **6** 章

深入类和对象

6.1 对象的初始化

对象的初始化的含义是在创建对象时获得一个特定的值。对象是一个实体，对象的初始化可以满足不同对象需要不同数据的实际要求。

在 C++ 中，初始化与赋值是两个不同的概念，赋值的含义是把对象当前的值擦除，然后以一个新值覆盖。对象初始化可以分为默认初始化、直接初始化、拷贝初始化以及值初始化。

在声明类时，其成员变量有公用和私有、受保护之分。若类中所有成员都是公用的，此时，类相当于一个结构体，可以在定义对象时进行初始化。若有私有成员和受保护成员时，则需要使用构造函数来进行对象的初始化。

初始化和赋值的不同在许多类中会影响底层效率：前者为直接初始化数据成员，后者为先初始化再赋值。比效率更重要的是一些数据成员必须被初始化，这就要求大家要养成使用构造函数初始值的习惯，此举会降低编译错误的概率。在遇到类需要构造函数初始值的成员时，效果更加明显。

对象是一个实例，应该具有确定的值。那么如何完成对象的初始化工作？对此，要先考虑能否在声明类时直接对数据进行初始化。

考虑以下代码段：

```cpp
class Date
{
    int year=2000;
    int month=1;
    int day=1;
};
```

上述代码在声明类时直接对数据进行初始化是不对的，因为类是抽象类型，不占存储空间，无法容纳数据。

如果一个类的所有数据成员都是公用的，可以像结构体变量那样，在定义对象时（而不是声明类时）进行初始化。例如：

```
class Date
{
public:
    int year;
    int month;
    int second;
};
Time t1={2000,1,1};
```

上述初始化成员变量的方式没有错误，但是在类的声明中，数据成员往往是私有的，不能直接初始化。

另外一种方法是定义公用成员函数来实现对象的初始化。例如：

```
class Date
{
private:
    int year;
    int month;
    int day;
public:
    void setDate(int y, int m, int d)
    {
        year=y;
        month=m;
        day=d;
    }
};
```

知识点拨： 在上述代码中，Date 中定义了一个公用的成员函数 setDate，其作用是给成员变量赋值。该函数需要通过对象显式调用，例如：

```
Date d;
d.setDate(2000,1,1);
```

如果未显式调用，则对象没有被初始化，在后续处理对象时程序会报错。

如果在定义对象时自动完成对象初始化，则需要用到类的构造函数。

6.2 构造函数

6.2.1 构造函数的作用

为了方便解决对象的初始化问题，C++ 提供了一种称为构造函数的成员函数。构造函数主要是为了在创建对象时完成对对象属性的一些初始化等操作。当创建对象时，对象会自动调用它的构造函数。构造函数具体有以下 3 个方面的作用。

（1）给创建的对象建立一个标识符。

（2）为对象数据成员开辟内存空间。

（3）完成对象数据成员的初始化。

在用户没有手动对对象的数据成员进行赋值操作时，编译器会自动通过用户在构造函数中设定的默认值进行数据成员初始化。一般情况下，如果用户没有对数据成员进行初始化，没有显式地定义构造函数，系统会默认调用空的构造函数（这个构造函数不具体做什么，也没有参数，不执行初始化操作）。

构造函数是类的一种特殊的成员函数，有关构造函数的使用有如下说明。

（1）构造函数的名字必须与类名一致。例如：类名为"Date"，则构造函数名也应为"Date"。

（2）构造函数不能有任何返回类型。构造函数的作用只是对定义的对象进行初始化，因此不需要在定义构造函数时声明类型。不能写作：

```
int Date()
{...}
```

或者

```
void Date()
{...}
```

（3）用户不能调用构造函数，在定义对象时，系统自动调用构造函数。

下面的写法是错误的：

```
Date d;
d.Date();
```

（4）如果用户没有定义构造函数，系统会自动生成一个构造函数，只不过该函数体中不存在任何语句。

【例 6.1】定义 Date 类，在类内使用简单的构造函数。

相应代码如下：

```
#include<iostream>
using namespace std;
class Date
{
private:
    int year;
    int month;
    int day;
public:
```

```
    Date()                        // 带默认参数的构造函数
    {
        year=2000;
        month=1;
        day=1;
    };
    void showDate();              // 显示函数
};
void Date::showDate()
{
    cout<<year<<"-"<<month<<"-"<<day<<endl;
}
int main()
{
    Date d1;                      // 建立对象 d1
    d1.showDate();
    return 0;
}
```

程序运行结果为：

```
2000-1-1
```

知识点拨： 例 6.1 中的程序在建立对象 "d1" 时没有赋初值，但调用 "d1.showDate();" 时显示了日期，这是因为在类内使用了带默认参数的构造函数。

注意： 构造函数也可以在类外定义，如果将例 6.1 修改成在类外定义构造函数，那么相关代码如下：

```
Date::Date()                      // 在类外定义构造函数
{
    year=2000;
    month=1;
    day=1;
};
```

与其他成员函数相同，用户在类的外部定义构造函数时，应当指明该构造函数是哪个类的成员。"Date::Date" 是定义 Date 类的成员，名称为 "Date"，因其成员名称与类名相同，所以称它为一个构造函数。

6.2.2　带参数的构造函数

例 6.1 中虽然使用了构造函数，但很明显，以此方式定义构造函数有很大的局限性，因为需要在构造函数内赋初值。这就导致在之后定义对象时，所有的对象都具有相同的初值。如在例 6.1 中，如果定义 "Date d1; Date d2;"，则两个对象的输出结果相同。

如果用户希望对于不同的用户赋予不同的初值，那么可以用带参数的构造函数：实现在构造函数中添加参数，用户在定义对象的同时直接赋予初值，而不必再定义公用函数进行操作。

构造函数的格式如下：

构造函数名 (类型 1 形参 1, 类型 2 形参 2,...);

定义对象时的格式如下：

类名 对象名 (实参 1, 实参 2,...);

如将例 6.1 中的构造函数修改成带参数的构造函数，相关代码如下：

```
……
Date(int y,int m,int d)          // 带参数的构造函数
{
    year=y;
    month=m;
    day=d;
};
……
```

【例 6.2】编写一个 Sales 类，类中包含折扣价格（price）、结束日期（deadline），在类中用带参数的构造函数。

相应代码如下：

```
#include<iostream>
#include<string>
using namespace std;
class Sales
{
private:
    int price;
    string deadline;
public:
    Sales(int p, string d)       // 带参数的构造函数
    {
        price=p;
        deadline=d;
    };
    void showSales();            // 显示函数
};
void Sales::showSales()
{
    cout<<"price:"<<price<<endl;
    cout<<"deadline:"<<deadline<<endl;
}
int main()
{
    Sales s(99,"2021-5-1");      // 建立对象 s，并指定其折扣价格、截止日期
    s.showSales();
    return 0;
}
```

程序运行结果为：

```
price:99
deadline:2021-5-1
```

注意： 若在类中使用带参数的构造函数，需在定义对象时赋初值。如果在例 6.2 中不赋初值，形成如下代码：

```
……
int main()
{
    Sales s;                // 建立对象 s，但不赋初值
    s.showSales();
    return 0;
}
```

则此时编译器会报错（error C2512:"Sales": 没有合适的默认构造函数可用）。

在应用中需要注意的是：带参数的构造函数中的形参，其对应的实参需要在定义对象时给定。

6.2.3　带默认参数的构造函数

带默认参数的构造函数是指构造函数中参数的值既可以通过实参传递，也可以指定为某些默认值，即如果在定义对象时不对实参赋值，那么编译系统会自动将形参初始化为默认值。

使用带默认参数的优点在于：调用构造函数时即使不提供参数也不会出错，且对每一个对象具有相同的初始化状态。使用中应当注意的是：应在声明构造函数默认值时指定默认参数值，而不能只在定义构造函数时指定默认参数值。如果构造函数中的参数都指定了默认值，则在定义对象时，可给一个实参或多个实参，也可不给实参。

构造函数的格式如下：

构造函数名 (类型 1 形参 1= 默认初值 1, 类型 2 形参 2= 默认初值 2,...)

需要注意的是：一个类中如果定义了全是默认参数的构造函数，就不允许再定义重载构造函数。

【例 6.3】编写一个 Sales 类，类中包含折扣价格（price）、结束日期（deadline），在类中用带默认参数的构造函数。

相应代码如下：

```
#include<iostream>
#include<string>
using namespace std;
class Sales
{
```

```
private:
    int price;
    string deadline;
public:
    // 带默认参数的构造函数, 默认值由构造函数确定
    Sales(int p=10, string d="2020-10-1")
    {
        price=p;
        deadline=d;
    };

    void showSales();              // 显示函数
};
void Sales::showSales()
{
    cout<<"price:"<<price<<endl;
    cout<<"deadline:"<<deadline<<endl;
}
int main()
{
    Sales s1;                      // 建立对象 s1, 使用类内构造函数提供的默认参数
    s1.showSales();
    Sales s2(99,"2021-5-1");       // 建立对象 s2, 并指定其折扣价格、截止日期
    s2.showSales();
    Sales s3(99);                  // 建立对象 s3, 且只给第一个形参赋值
    s3.showSales();
    return 0;
}
```

程序运行结果为:

```
price:10
deadline:2020-10-1
price:99
deadline:2021-5-1
price:99
deadline:2020-10-1
```

知识点拨: 例 6.3 的代码在调用过程中, 调用了无参数的构造函数。系统调用默认构造函数时, 各个形参的取值均取默认值, 折扣价格为 10, 截止日期为 2020-10-1。

若建立对象时有很多重复性操作, 可以优先使用带默认参数的构造函数, 此时不需要输入数据, 对象会按类内定义的值进行初始化。

例 6.3 中有 2 个形参, 若只给第一个赋值, 会出现什么情况呢? 比如在例题中定义的对象 s3:

```
……
Sales s3(99);          // 建立对象 s3, 且只给第一个形参赋值
```

......

相应的程序运行结果为:

```
price:99
deadline:2020-10-1
```

此时，编译器并未报错，且运行结果中的价格是建立对象时对形参所赋的值，但截止日期是构造函数的默认值。那么，能不能对第二个形参赋值，而缺省第一个呢?例如缺省价格:

```
Sales s4("2021-5-1");
```

这种情况是不允许的。实参与形参的结合是从左至右顺序进行的。因此，指定默认值的参数必须放在形参表列中的最右端，否则会出错。调用函数时只能忽略后面有缺省值的参数。在定义对象只有一个的时候，程序只会将第一个赋值为给定值，未指定的还是默认值。

6.2.4 参数初始化表的构造函数

利用构造函数可以初始化类中的成员变量，在设置构造函数时可以使用参数初始化列表。需要注意的是：数据成员初始化不是在函数体内进行的，而是实现于函数首部，这样做有利于减小函数体的长度。

对于以下这些特定的场景，只能用参数初始化表的构造函数。

（1）需要初始化的数据成员是对象的情况（包含了继承情况，通过显式调用父类的构造函数对父类数据成员进行初始化）。

（2）需要初始化 const 修饰的类成员或初始化引用成员数据。

（3）子类初始化父类的私有成员。

其调用格式如下:

```
类名 :: 类名 ( 类型 1 形参 1, 类型 2 形参 2,...): 形参 1( 实参 1), 形参 2( 实参 2){ }
```

【例 6.4】编写一个 Sales 类，类中包含折扣价格（price）、结束日期（deadline）。在类中用带参数初始化表的构造函数。

相应代码如下:

```
#include<iostream>
#include<string>
using namespace std;
class Sales
{
private:
    float price;
    string deadline;
```

```
public:
    Sales(float p,string d):price(p),deadline(d){}  // 带参数初始化表的构造函数
    void showSales();                                // 显示函数
};
void Sales::showSales()
{
    cout<<"Price:"<<price<<endl;
    cout<<"Deadline:"<<deadline<<endl;
}
int main()
{
    Sales s1(99,"2021-5-1");    // 建立对象 s1，并指定其折扣价格、截止日期
    s1.showSales();
    return 0;
}
```

程序运行结果为：

```
Price:99
deadline:2021-5-1
```

　　知识点拨： 在例 6.4 中，构造函数只需要对成员变量赋初值，因此，函数体中没有任何语句。简单起见，可以将其 "{}" 与函数放一行。带参数初始化表的构造函数除了初始化对象之外，也可以输出其他语句。例如：

```
Sales(float p,string d):price(p),deadline(d)
{
    cout<<" 调用参数初始化表的构造函数 "<<endl;
}
```

6.2.5　构造函数的重载

　　在 C++ 中，函数可以重载，同样地，在一个类中，可以定义多个构造函数。即使参数的个数和类型不同，也可以对类对象提供不同的初始化的方法供用户选用。

　　值得注意的是：

　　（1）一个类中可以包含多个构造函数，但对于每个对象来说，建立对象只执行其中一个构造函数，并非每个构造函数都被执行。

　　（2）在一个类中，定义了全部是默认参数的构造函数后，不能再定义重载构造函数。

　　【例 6.5】 编写一个 Time 类，使用构造函数重载。

　　相应代码如下：

```
#include<iostream>
#include<string>
using namespace std;
class Time
{
```

```
private:
    int hour;
    int minute;
    int second;
public:
    Time()                              //不带参数的构造函数
    {
        hour=12;
        minute=0;
        second=0;
        cout<<" 调用 Time 构造函数 1"<<endl;
    }
    Time(int h,int m,int s)             //设为构造函数，含 3 个参数
    {
        hour=h;
        minute=m;
        second=s;
        cout<<" 调用 Time 构造函数 2"<<endl;
    }
    void showTime()
    {
        cout<<hour<<":"<<minute<<":"<<second<<endl;
    }

};

int main()
{
    Time t1;
    t1.showTime();
    Time t2(8,10,11);
    t2.showTime();
    return 0;
}
```

程序运行结果为：

```
调用 Time 构造函数 1
12:0:0
调用 Time 构造函数 2
8:10:11
```

知识点拨： 在例 6.5 中，类 Time 中定义了两个构造函数，一个为缺省构造函数（不带参数的构造函数），另一个为带 3 个形参的构造函数。在主函数中，定义了两个对象。其中，定义 t1 时没有给出实参，定义 t2 时给出了 3 个实参。编译器会根据定义对象时参数的个数不同来选择不同的构造函数。

【例 6.6】 编写一个 Sales 类，类中包含折扣价格（price）、结束日期（deadline）。在类中定义带默认参数的构造函数和带 1 个参数的构造函数。

相应代码如下：

```cpp
#include<iostream>
#include<string>
using namespace std;
class Sales
{
private:
    int price;
    string deadline;
public:
    Sales(int p)                                    // 定义带 1 个参数的构造函数
    {
        price=p;
        deadline="2020-10-1";
    };
    Sales(int p=9.9, string d="2021-05-10")         // 定义带 2 个默认参数的构造函数
    {
        price=p;
        deadline=d;
    }
    void showSales();                               // 显示函数
};
void Sales::showSales()
{
        cout<<"price:"<<price<<endl;
        cout<<"deadline:"<<deadline<<endl;
}

int main()
{
    Sales s1;                                       // 建立对象 s1，不带实参
    s1.showSales();
    Sales s2(99,"2021-5-1");                         // 建立对象 s2，带 2 个实参
    s2.showSales();
    return 0;
}
```

程序运行结果为：

```
price:9.9
deadline:2021-05-10
price:99
deadline:2021-5-1
```

知识点拨： 在例 6.6 的程序中，类内包含了两个构造函数，一个是带 1 个参数的构造函数，另一个是带 2 个默认参数的构造函数。在主函数中，定义了 2 个对象，其中 s1 不带参数，s2 带 2 个默认参数，该程序能够成功运行。编译器会根据定义对象时参数的个数不同来选择不同的构造函数。对象 s1 不带参数，所以系统不会调用第

一个构造函数，而第二个构造函数有默认值，所以此时编译器会选择第二个带默认参数的构造函数。s2 带 2 个实参，因此，编译器同样会选择第二个带默认参数的构造函数，但是不使用其默认值。由此可以得出，在该程序中，编译器均不会考虑第一个构造函数。

如果现将主函数改为：

```
int main()
{
    Sales s1(99.99);                    // 建立对象 s1，带 1 个实参
    s1.showSales();
    Sales s2(99,"2021-5-1");            // 建立对象 s2，带 2 个实参
    s2.showSales();
    return 0;
}
```

在改后的主函数中，对象 s1 带 1 个实参，编译器根据实参的个数和类型匹配构造函数，第一个构造函数只有 1 个形参，符合条件。在第二个构造函数中，因为其有默认值，所以同样符合条件。这样就有两个构造函数都符合条件，而编译器不清楚要调用哪一个构造函数，这时就会报错（error C2668:'Sales::Sales':ambiguous call to overloaded function）。因此，在使用带默认参数的构造函数时，尽量不要重载，以免引起重复定义的错误。

6.3 析构函数

6.3.1 析构函数的作用

构造函数的作用是完成对象的初始化，为成员变量赋值，但有时，操作者需要申请某些资源，如文件存储空间等，这些资源在使用完后必须释放，不能只存放数据而不消除数据。这时，有些类里就需要有一个函数，并保证这个函数在每个对象被销毁之前得以调用，就像构造函数能够得到类似保证，在对象创建时必定被调用一样。这个函数被称为析构函数。析构函数的主要作用是释放构造函数请求的存储空间。

6.3.2 析构函数的实现

析构函数是类的一个成员函数，名字由波浪号（~）接类名构成。它没有返回值，不带任何参数。

其定义格式为：

```
~ 类名 ();
```

例如：

```
class Foo                // 定义一个类 Foo
{
public:
    ~Foo( ){}            // 析构函数
};
```

析构函数的特点体现在以下几点。

（1）析构函数是一个特殊的成员函数，函数名必须与类名相同，并在其前面加上字符 "~"。如上例中的 "~Foo( ){}"。

（2）析构函数不允许带任何参数，不允许有返回值，不指定函数类型。

（3）析构函数是成员函数，函数体既可写在类体内（如上例），也可写在类体外。

在类体外的定义方式如下：

```
类名 :: ~ 类名 ( )
{...}
```

例如：

```
Foo::~Foo( ){}
```

（4）一个类中只能定义一个析构函数，析构函数不允许重载。

（5）析构函数在撤销时会被系统自动调用。在程序的执行过程中，当遇到某一对象的生存期结束，系统会自动调用析构函数，然后再收回为对象分配的存储空间。

【例 6.7】编写一个 Club 类，测试类的析构函数。

相应代码如下：

```
#include<iostream>
#include<string>
using namespace std;
class Club
{
private:
    string name;
    int age;
    string hobby;
public:
    Club(string n,int a,string h):name(n),age(a),hobby(h)          // 参数初始化表
        {
            cout<<"Call the constructor"<<endl;
        }
    void showClub()
    {
        cout<<"name:"<<name<<endl;
```

```
        cout<<"age:"<<age<<endl<<"hobby:"<<hobby<<endl;
    }
    ~Club()                                        // 析构函数
    {
        cout<<"Call the destructor"<<endl;
    }
};

int main()
{
    Club c1("Zhang",26,"Tennis");
    c1.showClub();
    return 0;
}
```

程序运行结果为：

```
Call the constructor
name:Zhang
age:26
hobby:Tennis
Call the destructor
```

知识点拨： 在例 6.7 的主函数中，定义了 Club 对象 "c1"，系统自动调用构造函数，输出语句 "Call the constructor"，随后通过对象调用 showClub 函数输出相关信息。最后在 main 函数 "return" 前调用析构函数，释放内存，并输出语句 "Call the destructor"。

6.4　调用构造函数和析构函数的时机与顺序

6.4.1　调用构造函数

构造函数是一种特殊的成员函数，构造函数与其他成员函数的不同点在于不需要用户来调用它，而是在建立对象时自动执行，在类对象进入其作用域时调用构造函数。

6.4.2　调用析构函数

无论何时，若一个对象被销毁，就会自动调用其析构函数。在实际应用时主要有以下几种情况。

（1）变量在离开其作用域时被销毁。

（2）当一个对象被销毁时，其成员被销毁。

（3）容器（无论是标准库容器还是数组）被销毁时，其元素被销毁。

（4）对于动态分配的对象，当对指向它的指针应用 delete 运算符时被销毁。

（5）对于临时对象，当创建它的完整表达式结束时被销毁。

【例 6.8】编写一个无实义的类 A，分别说明调用构造函数和调用析构函数的时机和顺序。

相应代码如下：

```cpp
#include <iostream>
using namespace std;
class A
{
    float x;
    float y;
public:
    A()
    {
        x=0;
        y=0;
        cout<<" 调用缺省的构造函数 "<<endl;
    }
    A(float a, float b)
    {
        x=a;
        y=b;
        cout<<" 调用非缺省的构造函数 "<<endl;
    }
    ~A()
    {
        cout<<" 调用析构函数 "<<endl;
    }
};

int main()
{
    A  a1;
    A  a2(3.0,30.0);
    cout<<" 退出主函数 "<<endl;
    return 0;
}
```

程序运行结果为：

```
调用缺省的构造函数
调用非缺省的构造函数
退出主函数
调用析构函数
调用析构函数
```

知识点拨： 从例 6.8 可以看出，每建立一个对象，例如 "a1" "a2"，都需要调用一次构造函数，故在此程序中，共调用了两次构造函数。同样地，析构函数也调用了两次。值得注意的是，析构函数是在对象生命周期结束时调用的。构造函数调用的顺序是：先调用 "a1" 的构造函数，再调用 "a2" 的构造函数，因为 "a1" 先定义，"a2" 后定义。

那么，现在提出一个问题：析构函数的调用顺序是什么？是先调用 a1 的析构函数，还是先调用 a2 的析构函数？

若要解决这一问题，可以修改上述程序，通过输出信息进行判断。

下面修改析构函数的代码，使之能够显示成员变量的信息，然后通过输出成员变量的值来判断调用顺序。

```
……
~A()
{
    cout<<" 调用析构函数 "<<x<<endl;          // 输出成员变量 x 的信息
}
……
```

此时程序的运行结果为：

```
调用缺省的构造函数
调用非缺省的构造函数
退出主函数
调用析构函数 3.0
调用析构函数 0
```

知识点拨： 在修改后的程序中，第一次调用的析构函数输出为 "3.0"，对应对象 a2；第二次调用的析构函数输出为 "0"，对应对象 a1。即其先调用了 a2 的析构函数，再调用 a1 的析构函数。

所以，构造函数和析构函数的调用顺序可总结为：先构造的后析构，后构造的先析构。

6.5　对象数组和指针

6.5.1　对象数组的定义和初始化

1. 对象数组的定义

假设要求定义一个 Time 类，且需要定义 3 个对象，那么可以在 main 函数中分别定义 3 个对象：

```
Time t1(1999,10,1);
Time t2(2000,10,1);
Time t3(2008,10,1);
```

这时，工作量是不大，但假设需要记录 50 个时间点，就需要单独定义 50 个对象，毫无疑问，工作量倍增。结合 C 语言中的数组"int a[50]={0,1,2,3,…}"，那么，在定义对象时可否定义成对象数组？

答案是肯定的。

例如：

```
Time t[50];
```

2. 对象数组的初始化

如果类中构造函数只存在 1 个参数，此时定义对象数组的方法和 C 语言中定义数组的方法相似。例如：Time 类中如果只存在 1 个成员变量，那么，在定义 Time 类对象数组时可以直接在等号后面的大括号内提供实参。

例如：

```
Time t[3]={57, 58, 59};          //3 个实参分别传递给 3 个数组元素的构造函数
```

若构造函数中有 3 个参数，例如上面提到的 Time 类，有年、月、日 3 个参数，则其初始化方法为：在大括号内分别写出构造函数并指定实参。具体参见例 6.9。

【例 6.9】定义 Date 类，在主函数内使用对象数组。

相关代码如下：

```
#include<iostream>
using namespace std;
class Date
{
private:
    int year;
    int month;
    int day;
public:
    Date(int y=1,int m=1,int d=1):year(y),month(m),day(d){};
    void showDate()
    {
        cout<<"year="<<year<<endl;
        cout<<"month="<<month<<endl;
        cout<<"day="<<day<<endl<<endl;
    }
};
int main()
{
```

```
    Date d[2]={Date(1999,10,1),        // 初始化对象的全部形参
               Date(2000,10,1)};
    d[0].showDate();                   // 输出第一个对象信息
    d[1].showDate();                   // 输出第二个对象信息
    return 0;
}
```

程序运行结果为:

```
year=1999
month=10
day=1

year=2000
month=10
day=1
```

知识点拨: 在例 6.9 中,主函数定义了一个 Date 类的对象数组。在建立对象数组时,分别显示调用构造函数,对每个对象进行初始化,每个元素的实参对应一组构造函数,以防止混淆。其中,对象数组中第一个对象用 "d[0]" 表示,第二个对象用 "d[1]" 表示,这与普通的数组没什么区别。输出 Date 对象信息的语句可以改写为:

```
for (int i=0; i<2; i++)
{
    d[i].showDate();
}
```

这样就可以循环输出所有对象的信息,适合数组较大的情况。

6.5.2 指向对象的指针

在 C 语言中,我们学习了指向标准数据类型的指针。若定义一个指向数组 "int a[10]" 的指针 p,可用以下方式:

```
int *p=a;
```

或者用以下方式:

```
int *p=&a[0];
```

通过指针变量可以快速、高效地访问数组中的变量。通过指针改变变量(变量的本质是某一块内存空间的别名)的值,即可改变内存空间的值。在 C++ 中也同样存在指向对象的指针。其优点是使用更加方便,以及可以动态管理。

对象指针的声明方式为:

```
类名 * 对象指针名;
```

赋值方式为:

```
对象指针名 =& 对象名;
```

使用对象指针和对象名都可以访问类的成员，其中使用对象指针的访问方式为：

对象指针名 −> 类的成员；
(* 对象指针名). 类的成员；

【例 6.10】建立 Date 类，要求使用指向对象的指针。

相应代码如下：

```
#include<iostream>
using namespace std;
class Date
{
private:
    int year;
    int month;
    int day;
public:
    Date(int y=1,int m=1,int d=1):year(y),month(m),day(d){};
    void showDate()
    {
        cout<<"year="<<year<<endl;
        cout<<"month="<<month<<endl;
        cout<<"day="<<day<<endl<<endl;
    }
};
int main()
{
    Date d[3]={Date(1998,1,1),
               Date(1999,2,2),
               Date(2000,3,3)};

    Date *p=d;              // 定义对象指针
    d[0].showDate();        // 采用对象去调用成员函数的方法
    p->showDate();          // 采用对象的指针变量去调用成员函数的方法
    p++;                    // 指针自加，使之指向下一个对象的地址
    (*p).showDate();        // 采用对象的指针变量去调用成员函数的方法
    return 0;
}
```

程序运行结果为：

```
year=1998
month=1
day=1

year=1998
month=1
day=1

year=1999
month=2
day=2
```

知识点拨： 例 6.10 先在主函数中定义一个对象数组，同时定义指针变量使其指向该数组，使用 "Data *p=d;" 的方式进行初始化以及指针变量的定义，表示一个指向 Data 类的指针变量，指向数组名。然后分别通过数组 "d[0]" 调用成员函数，显示第一个对象信息。可以通过语句 "p->showDate();" 显示第一个对象的信息。语句 "p++" 表明指针自加，指向下一个对象的地址。最后通过指针指向的对象调用成员函数 "(*p).showDate()"。

由例 6.10 可以看出：这 3 种调用方法的结果是一致的，说明使用对象指针同样可以调用成员函数。

6.5.3　this 指针

在第 5 章 5.2.2 中讲类的成员函数时提到，当同一个类定义了多个对象时，每个对象的数据成员各自占据独立的空间，共享一段公用的函数代码。每个对象所占用的存储空间只是该对象的数据成员部分所占用的存储空间，不包括函数代码所占用的存储空间。那么当通过公用成员函数访问类的成员变量时，编译器是如何对不同对象的数据进行操作的呢？

为此，C++ 专门设立了一个名为 "this" 的隐含指针，它是指向本对象的指针，它的值是当前被调用的成员函数所在对象的起始地址。

【例 6.11】 建立 Point 类，要求利用 this 指针构建成员函数。

相应代码如下：

```cpp
#include<iostream>
using namespace std;
class Point
{
private:
    int x,y;
public:
    Point(int a,int b)
    {
        x=a;
        y=b;
    }
    void movePoint(int a,int b)
    {
        x+=a;
        y+=b;
    }
    void showPoint()
    {
        cout<<"("<<this->x<<","<<this->y<<")"<<endl;
```

```
    }
};
int main()
{
    Point p1(0,0);
    Point p2(10,10);
    p1.showPoint();              // 显示未调用 movePoint 函数 p1 的值
    p1.movePoint(1,1);
    p1.showPoint();              // 显示调用 movePoint 函数 p1 的值
    p2.showPoint();              // 显示未调用 movePoint 函数后 p2 的值
    p2.movePoint(-1,-1);
    p2.showPoint();              // 显示调用 movePoint 函数后 p2 的值
}
```

程序运行结果为：

```
(0,0)
(1,1)
(10,10)
(9,9)
```

知识点拨： 在例 6.11 的 main 函数中，定义了两个对象"p1"和"p2"，然后通过对象分别调用成员函数。当 p1 调用成员函数"movePoint()"时，即执行"p1.movePoint()"时，编译器将 p1 的起始地址赋予成员函数"movePoint()"的 this 指针。因此，当成员函数引用数据成员时，就会依据 this 指针所指对象找到 p1 的数据成员。

例如：在 movePoint 函数中要移动点的值，实际上执行的是：

```
void movePoint(int a,int b)
{
    this->x+=a;
    this->y+=b;
}
```

因为 this 指针指向了 p1，故相当于执行：

```
p1.x+=a;
p1.y+=b;
```

同样地，在 p2 调用成员函数"movePoint()"时，即执行"p2.movePoint()"，编译系统就把对象 p2 的起始地址赋予成员函数"movePoint()"的 this 指针。此时，"this->x+=a"和"this->y+=b"的语句就是"p2.x+=a"和"p2.y+=b"，改变了 p2 对象的值。

需要注意的是：this 指针是一个隐含的指针，它是作为参数被传递给成员函数的。对于：

```
void movePoint(int a,int b)
{
    x+=a;
```

```
        y+=b;
    }
```

编译器把它处理成：

```
void Point::movePoint(Point* this, int a,int b)
{
    this->x+=a;
    this->y+=b;
}
```

即在成员函数表列中增加一个 Point 类型的 this 指针。当 p1 在调用成员函数"movePoint()"时，实际上是采用以下方式调用的：

```
p1.movePoint(&p1, int a,int b);
```

将对象 p1 的地址传递给 this 指针，然后按照 this 指针的指向引用其他成员。特别提醒，这些操作都是编译系统自动完成的，不需要人为增添 this 指针。

6.6 对象的动态建立和释放

对于计算机程序设计而言，变量和对象在内存中的分配都是编译器在编译时完成的，但此举对程序的编写造成了极大的不便。如数组必须"大开小用"（即在不知道数组大小的情况下进行初始设置时，应尽量设置得大一些），指针必须指向一个已经存在的变量或对象等。对于不能确定需要占用多少内存的情况，内存的动态分配解决了这个问题。

在 C 语言中，可以使用 malloc、free 函数进行对象的动态建立与释放内存空间，C++ 同样保留了 malloc、free 函数，而且提供了更强大的运算符 new、delete。

其调用格式为：

```
// 建立动态空间，存放初值为 10 的 int 型变量，并把该空间的地址赋给指针变量 p
int*p=new int(10);
// 删除动态空间
delete p;
```

只在需要设立对象时才建立动态空间，不需要时便将其撤销，释放其所占内存，有利于提高内存空间的利用率。对此，C++ 中规定了 new 运算符用于动态建立对象，进而进行动态的内存分配；delete 运算符用于撤销对象，从而释放内存。当利用 new 运算符进行动态分配内存后，将自动返回一个该内存段的起始地址，即指针。

【例 6.12】定义一个无实义的类 Date，并用 new、delete 实现动态创建和删除对象。

相应代码如下：

```
#include<iostream>
using namespace std;
class Date
{
private:
    int year;
    int month;
    int day;
public:
    Date()                          // 设立缺省构造函数
    {
        cout<<"Call the default constructor"<<endl;
    };
    Date(int y, int m, int d)       // 设立构造函数
    {
        cout<<"Call the constructor with arguments"<<endl;
        year=y;
        month=m;
        day=d;
    };

    void showDate()
    {
        cout<<year<<"-"<<month<<"-"<<day<<endl;
    }
    ~Date()                         // 设立析构函数
    {
        cout<<"Call the destructor"<<endl;
    }
};
int main()
{
    Date *p1=new Date;              // 调用缺省构造函数
    delete p1;                      // 删除建立的内存空间
    Date *p2=new Date(2000,1,1);    // 调用带参数的构造函数
    p2->showDate();                 // 通过指向 Date 类对象的指针变量调用成员函数
    delete p2;                      // 删除建立的内存空间
    return 0;
}
```

程序运行结果为：

```
Call the default constructor
Call the destructor
Call the constructor with arguments
2000-1-1
Call the destructor
```

知识点拨：在例 6.12 的 Date 类中，分别定义了两个构造函数（一个为缺省的构

造函数，另一个为带参数的构造函数），此外还定义了一个析构函数和显示函数。在主函数中，用 new Date 动态建立了一个对象。此时，系统产生了一块新的内存空间，并在该内存空间中存放了一个 Date 类的对象，同时调用该类的构造函数。用 new 运算符动态分配内存后，将返回一个指向该新对象的指针。因为在创建指向对象的指针 p1 时，没有给对象初始化，因此，编译器会调用缺省的构造函数，即输出语句"Call the default constructor"。当不再需要 p1 指针时，可以用 delete 运算符予以释放，即"delete p1;"。此时，系统会自动调用析构函数，完成对象的清理工作，并输出提示语句"Call the destructor"。

在主函数中，第 3 行代码同样采用 new Date 动态建立了一个对象，并返回一个指向该新对象的指针 p2。但与 p1 指针不同的是，在创建指向对象的指针 p2 的同时，对新建的对象进行初始化（2000, 1, 1）。此时，编译器会调用带有参数的构造函数，即输出语句"Call the constructor with arguments"。创建指向 Date 类对象的指针变量 p2 之后，程序就可以通过 p2 访问这个新建的对象。执行代码：

```
p2->showDate();
```

或者

```
(*)p2.showDate();
```

当不再需要 p2 指针时，可以用 delete 运算符予以释放，即"delete p2;"。此时，会再次调用析构函数，输出提示"Call the destructor"。

6.7　对象的赋值和复制

6.7.1　对象的赋值

同一个类定义的两个或多个对象之间可以互相赋值。此处所指的对象赋值是指对其中的数据成员赋值，而不是对成员函数赋值。对象之间的赋值是通过"="实现的，这是运用了对赋值运算符"="的重载。如果类中没有定义赋值运算符"="的重载函数，编译器会自动提供一个默认的赋值运算符"="的重载函数。

对象赋值的形式为：

```
对象名 1= 对象名 2;
```

例如：stud2 和 stud1 是 Student 类定义的同一类对象，将对象 stud1 的值赋给

stud2 语句为：

```
stud2=stud1;              // 将 stud1 的值赋值给 stud2
```

通过下面的例子可以进一步了解怎样进行对象的赋值。

【例 6.13】定义一个 Student 类，设定学生 1 的信息，将学生 1 的信息赋给学生 2。

相应代码如下：

```
#include<iostream>
#include<string>
using namespace std;
class Student
{
private:
    string name;
    float score;
public:
    void set(string n, float s)
    {
        name=n;
        score=s;
    }
    void show()
    {
        cout<<"name="<<name<<endl;
        cout<<"score="<<score<<endl;
    }
};
int main()
{
    Student stud1, stud2;
    stud1.set("Zhang",89.5);
    stud1.show();
    stud2=stud1;                  // 将对象 stud1 的值赋给对象 stud2
    stud2.show();
    return 0;
}
```

程序运行结果为：

```
name=Zhang
score=89.5
name=Zhang
score=89.5
```

知识点拨：在例 6.13 的 main 函数中，定义了两个对象"stud1"和"stud2"。先通过调用 set 函数设定对象"stud1"的值，然后通过语句"stud2=stud1;"将"stud1"的值赋给"stud2"。

注意：

（1）在使用对象赋值语句进行对象赋值时，应务必保证对象类型相同，如果对象的类型不同，编译时将出错。

（2）两个对象之间的赋值，仅指代这些对象中的数据成员，而两个对象仍是分离的。

（3）对象赋值是通过默认赋值运算符函数实现的。

6.7.2 对象的复制

如果想要得到同一个类的多个完全相同的对象，就需要用到对象的复制。可以将一个已经存在的对象作为母本复制出同一个类的多个完全相同的对象。

对象复制的一般形式为：

```
类名 对象 B( 对象 A) ;
```

例如：

```
Student stud2(stud1);
```

由此可以看出，此种定义对象的方式与上文定义对象的方式大致相同。不同之处在于括号中的参数不是一般的变量，而是当前类的对象。在建立对象时，会调用一个特殊的构造函数——复制构造函数，来完成对象的初始化。

复制构造函数的形式如下：

```
Student(const Student& s)
{
    name=s.name;
    score=s.score;
}
```

复制构造函数和前面学过的构造函数，都是类的构造函数，作用都是完成对象的初始化工作。复制构造函数只有 1 个参数，这个参数是本类对象的引用形式（一般约定加 const 声明，使参数值不能改变，防止在调用此函数时因操作失误而使对象值被修改）。

复制对象的语句"Student stud2(stud1);"，实际上是建立对象的语句。

由于在括号内给定的实参是对象，编译系统会调用复制构造函数（它的形参也是对象），而不会调用其他构造函数。实参 stud1 的地址传递给形参 s（s 是 stud1 的引用），因此，在执行复制构造函数的函数体时，会将 stud1 对象中各数据成员的值赋给 stud2 中的各数据成员。如果用户自己未定义复制构造函数，编译系统会自动提供一个默认的复制构造函数，其作用只是简单地复制类中的每个数据成员。

除此之外，C++ 还提供了另一种更简便的复制形式，可以用赋值号代替括号，其一般形式为：

类名 对象 B= 对象名 A;

例如：

Class stu2=stu1;   // 用 stu1 初始化 stu2

也可以在一个语句中进行多个对象的复制。例如：

Class stu2=stu1, stu3=stu2;

将 stu1 复制为 stu2 和 stu3。这种形式更直观，用起来也更方便。

【例 6.14】定义一个点 p1，其坐标是（5，5），要求分别用两种复制形式将 p1 点的坐标复制给 p2、p3。

相应代码为：

```cpp
#include<iostream>
using namespace std;
class Point
{
private:
    int x,y;
public:
    Point(const Point& p)
    {
        x=p.x;
        y=p.y;
        cout<<"Call the copy constructor"<<endl;
    }
    Point(int a,int b)
    {
        x=a;
        y=b;
        cout<<"Call the constructor with arguments"<<endl;
    }
    void show()
    {
        cout<<"("<<x<<","<<y<<")"<<endl;
    }
};
int main()
{
    Point p1(5,5);
    p1.show();
    Point p2(p1);              // 将对象 p1 复制给 p2
    p2. show();
    Point p3=p1;               // 将对象 p1 复制给 p3
    p3. show();
    return 0;
}
```

程序运行结果为：

```
Call the constructor with arguments
(5, 5)
Call the copy constructor
(5, 5)
Call the copy constructor
(5, 5)
```

知识点拨： 在例 6.14 的 Point 类中，分别定义了一个复制构造函数和一个带参数的构造函数。在 main 函数中，先定义了对象 p1，系统根据所传的实参调用带参数的构造函数，完成 p1 的初始化，并输出 "Call the constructor with arguments"。随后，通过 "Point p2(p1);" 语句，将对象 p1 复制给 p2，系统根据实参的类型（此时为类对象）调用复制构造函数，并输出 "Call the copy constructor" 语句。紧接着，采用另一种复制对象的语句 "Point p3=p1;"，将对象 p1 复制给 p3。此时，系统依然会调用复制构造函数，并输出 "Call the copy constructor" 语句。通过上述复制的语句，p1 复制出了 p2 和 p3，通过显示语句可以看出 3 个对象的结果一样。

对象赋值与对象复制的主要区别在于：对象赋值的操作是在两个或多个已经存在的对象的数据成员之间进行的，它是通过赋值运算符 "=" 的重载实现的。而对象复制是用一个已有的对象作为母本复制出多个完全相同的对象，在创建一个新对象的初始化时调用复制构造函数，并且其初值来源于这个已存在的母本对象的各个数据成员。编译器会区分这两种情况，赋值的时候调用重载的赋值运算符，初始化的时候调用复制构造函数。复制构造函数是在对象被创建时调用的，而赋值函数只能被已经存在的对象调用。复制构造函数和赋值函数的概念非常容易混淆，常导致错写和错用。

普通构造函数和复制构造函数的区别在于以下几点。

1. 形式上不同

普通构造函数的声明方式如下：

```
类名 ( 形参表列 );
```

例如：

```
Point(int a,int b);
```

复制构造函数的声明方式如下：

```
类名 ( 类名 & 对象名 );
```

例如：

```
Point(const Point& p);
```

2. 建立对象时，实参类型不同

系统会根据实参的类型决定调用普通构造函数或复制构造函数。

例如：

```
Point p1(5,5);          // 实参为整数，调用普通构造函数
Point p2(p1);           // 实参是对象名，调用复制构造函数
```

3. 调用的时机不同

普通构造函数在程序中建立对象时被调用，复制构造函数在用已有对象复制一个新对象时被调用。

6.8 静态成员

在第 5 章的 5.2.2 中有提到，如果存在多个同类对象，每一个对象都分别有各自的数据成员，不同对象的数据成员各有各的值，互不相干。如果要某一个或几个数据成员被所有对象共有，进而实现数据共享，就需要使用全局变量。

使用全局变量能够实现数据共享。如果在一个程序文件中存在多个函数，在每一个函数中都可以改变全局变量的值，全局变量的值为各函数所共享。由于在各处都可以自由地修改全局变量的值，一旦全局变量的值被误改，将有很大概率导致程序出错。因此，在实际工作中很少使用全局变量。如果需要在同类的多个对象之间实现数据共享，也不推荐使用全局变量，可以改用静态的数据成员。

静态成员分为两种：静态数据成员和静态成员函数。

6.8.1 静态数据成员变量

静态数据成员是一种特殊的数据成员。它以关键字"static"开头。静态数据成员是类中对象共有的数据成员，使用静态数据可以节省内存，提高系统的运行效率。

在类中定义静态数据成员的形式为：

```
class < 类名 >
{
    static < 类型 > < 数据成员名 >;
};
```

例如：

```
class Date
{
private:
```

141

```
        static int year;              // 把 year 定义为静态数据成员
        int month;
        int day;
public:
        void showDate();
};
```

在该程序中，类 Date 定义了一个静态数据成员"year"，静态的数据成员在内存中只占一个空间。静态数据成员不属于任何对象，且独立于所有对象，在所有对象中的值都是一样的。如果它的值发生改变，那么在各个对象中，这个数据成员的值都会发生变化，这大大释放了空间，提高了运行效率。

因此，可用静态数据成员做如下总结。

（1）静态数据成员不属于某一个对象，在为对象所分配的空间中不包括静态数据成员所占的空间。静态数据成员在所有对象之外单独开辟空间。

例如上例中的 Date 类有 3 个成员变量，通过语句：

```
……
Date d;
cout<<sizeof(d)<<endl;
```

程序输出结果为 8。

如果将上例中的"static"去掉，将"year"变成普通的成员变量，输出结果将会变为 12。这说明在为对象分配的空间中，不包括静态数据成员所占的空间。

（2）只要在类中定义了静态数据成员，即使不定义对象，也会为静态数据成员分配空间，它可以被类直接引用。数据成员既可以通过对象名"(box1.)"引用，也可以通过类名"(BOX::)"引用。例如上例中，可以通过定义 Date 类的对象 d 调用成员函数"d.showDate()"，也可以直接用"Date::showDate()"调用成员函数。

（3）静态数据成员不随对象的建立而分配空间，也不随对象的撤销而释放空间。静态数据成员是在程序编译时被分配空间的，到程序结束时才释放空间。

（4）静态数据成员只能在类体外进行初始化。

其一般形式为：

```
数据类型 类名 :: 静态数据成员名 = 初值；
```

例如：

```
int Date::year=2000;              // 表示对 Date 类中的静态数据成员初始化
```

【例 6.15】静态数据成员的使用实例。

相应代码如下：

```
#include <iostream>
using namespace std;
```

```
class Date
{
private:
    int month;
    int day;
public:
    static int year;                    // 把 year 定义为公用的静态数据成员
public:
    Date(int m, int d):month(m),day(d){}
    void showDate()
    {
        cout<<year<<"-"<<month<<"-"<<day<<endl;
    }
};

int Date::year=2000;                    // 静态数据成员初始化
int main()
{
    Date d(1,2);
    cout<<"Size of Date="<<sizeof(d)<<endl;
    d.showDate();
    cout<<d.year<<endl;
    cout<<Date::year<<endl;
    return 0;
}
```

程序运行结果为：

```
Size of  Date=8
2000-1-2
2000
2000
```

　　知识点拨：在例 6.15 的 Date 类中，定义 year 为静态成员变量（为了在类体外直接访问该变量，将其定义为公用成员）。静态成员变量 year 不能通过构造函数初始化，只能在类体外通过语句"int Date::year=2000;"对其进行初始化。其他成员采用构造函数初始化。

　　在主函数中，定义了 Date 类的对象 d。根据构造函数的形式，只需要对成员变量 month 和 day 初始化即可。通过"sizeof(d)"获取对象的大小，结果为 8，说明静态成员变量不占对象的存储空间。如果显示静态成员变量的大小可以通过对象访问，即"d.year"，那么，也可以直接通过类访问，即"Date::year"。这说明静态数据成员不属于对象，而属于类，但类的对象可以引用它。需要强调的是，如果静态数据成员被定义为私有，则不能在类外直接引用，而必须通过公用（静态）成员函数引用。

6.8.2　静态成员函数

成员函数也可以定义为静态的。定义静态成员函数时需要在类中声明的函数前添加"static"。

其声明方式如下：

static < 类型 >< 成员函数名 >(< 参数表 >);

例如：

static void showDate( );

静态成员函数和静态数据成员都属于类的一部分，而非对象。若想在类外调用公用静态成员函数，可以用类名和域运算符（ :: ）。

例如：

Date::showDate( );

也允许通过对象名调用静态成员函数。

例如：

d.showDate( );

但这并不意味着此函数是属于对象 d 的，而只是用 d 的类型而已。

与静态数据成员不同，静态成员函数的作用不是为了对象之间的沟通，而是为了处理静态数据成员。

当调用一个对象的普通成员函数（非静态成员函数）时，系统会把该对象的起始地址赋给成员函数的 this 指针。而静态成员函数并不属于某一对象，它与任何对象都无关，所以静态成员函数没有 this 指针，不能访问本类的非静态成员。因此，静态成员函数与非静态成员函数的根本区别是：非静态成员函数有 this 指针，可以访问本类的非静态成员；而静态成员函数没有 this 指针，不能访问本类的非静态成员。

我们可以通过例 6.16 来了解静态成员函数和静态成员变量，以及静态成员函数的调用规则。

【例 6.16】静态成员函数的使用实例。

相应代码如下：

```
#include <iostream>
#include <string>
using namespace std;

class Worker                              // 定义 Worker 类
{
public:
```

```
        Worker(string n,float s):name(n),salary(s){ }    // 定义构造函数
        void calTotalSalary( );
        static float calAverageSalary( );                 // 声明静态成员函数
private:
        string name;
        float salary;
        static float sum;                                 // 定义静态数据成员
        static int count;                                 // 定义静态数据成员
};

float Worker::sum=0;                                      // 对静态数据成员初始化
int Worker::count=0;                                      // 对静态数据成员初始化

void Worker::calTotalSalary( )                            // 定义非静态成员函数
{
        sum+=salary;                                      // 累加总分
        count++;                                          // 累计已统计的人数
}
float  Worker::calAverageSalary( )                        // 定义静态成员函数
{
        return(sum/count);                                // 只能引用静态成员变量
}

int main( )
{
        Worker w[3]={                                     // 定义对象数组并初始化
            Worker("Zhang",2000),
            Worker("Li",3200),
            Worker("Wang",2800) };

            for(int i=0;i<3;i++)                           // 调用 3 次 total 函数
            w[i].calTotalSalary( );
            float averageSalary=Worker::calAverageSalary( );
            cout<<"Average salary="<<averageSalary<<endl;
            return 0;
}
```

程序输出结果为：

Average salary=2666.67

知识点拨：

（1）在例 6.16 的主函数中定义了 Worker 类对象数组 w，分别存放了 3 名工人的数据。程序的作用是计算 3 名工人工资数额的和，然后求平均工资。

（2）在 Worker 类中定义了两个静态数据成员 sum（总工资）和 count（累计需要统计的工人人数）。因为这两个数据成员的值需要进行累加，它们不只属于某一个

对象元素，而是由各对象元素共享。

（3）calTotalSalary 是公用的成员函数，其作用是将 1 名工人的工资累加到 sum 中。公用的成员函数可以引用本对象中的一般数据成员（非静态数据成员），也可以引用类中的静态数据成员。

salary 是非静态数据成员，sum 和 count 是静态数据成员。

（4）calAverageSalary 是静态成员函数，它可以直接引用私有的静态数据成员（不必加类名或对象名），函数返回成绩的平均值。

（5）在主函数中，引用 calTotalSalary 函数时要加对象名，引用静态成员函数 calAverageSalary 时要用类名或对象名。

6.9　友元

一般来说，一个类包括公用成员和私有成员，类外允许访问公用成员，但只有本类中的函数（成员函数）才被允许访问本类私有成员。友元是一个特殊的存在，它可以访问与之有"友好"关系的类中的私有成员。友元分为友元函数和友元类。

6.9.1　友元函数

如果在本类以外的其他地方定义了一个函数，在类体中用关键字"friend"对其进行声明，此函数就被称为本类的友元函数。

其定义方式为：

friend < 类型 > < 函数名 > (< 参数表 >);

友元函数可以访问本类中的私有成员。友元函数可以不属于任何类的普通函数，也可以是其他类的成员函数。

【例 6.17】将普通函数声明为友元函数，访问类的私有变量。

相应代码如下：

```
#include <iostream>
using namespace std;

class Date
{
public:
    Date(int,int,int);
```

```
    friend void showDate(Date&);          // 声明 showDate 函数为 Date 类的友元函数
private:
    int year;                              // 私有数据成员
    int month;
    int day;
};
Date::Date(int h,int m,int s)
{
    year=h;
    month=m;
    day=s;
}
void showDate(Date& t)                     // 友元函数，形参 t 是 Date 类对象的引用
{
    cout<<t.year<<"-"<<t.month<<"-"<<t.day<<endl;
}

int main( )
{
    Date t1(2000,1,1);
    showDate(t1);                          // 调用 showDate 函数，实参 t1 是 Date 类对象
    return 0;
}
```

程序运行结果为：

```
2000-1-1
```

　　知识点拨：在例 6.17 中，由于声明了 showDate 是 Date 类的 friend 函数，所以 showDate 函数可以引用 Date 中的私有成员。由于类的友元函数 showDate 函数不是 Date 类的成员函数，不能默认引用 Date 类的数据成员，必须指定要访问的对象。因此，在 showDate 函数中定义了一个 Date 类对象的引用形式，使之能够通过对象去访问私有数据。

　　注意：在引用这些私有数据成员时，必须加上对象名，不能写成下面这种形式：

```
cout<<year<<"-"<<month<<"-"<<day<<endl;
```

　　【例 6.18】将一个类的成员函数声明为其他类的友元函数。

　　相应代码如下：

```
#include <iostream>
using namespace std;
class Time;                                // 对 Time 类提前引用声明
class Date
{
public:
    Date(int h,int m,int s)
    {
        year=h;
```

```
                month=m;
                day=s;
        }
        // 声明 showDate 函数为 Date 类成员函数, 将形参定义为 Time 的引用
        void showDate(Time&);
private:
        int year;                              //私有数据成员
        int month;
        int day;
};

class Time
{
private:
        int hour;
        int minute;
        int second;
public:
        Time(int h, int m, int s):hour(h),minute(m),second(s){}
        friend void Date::showDate(Time&);   // 声明 showDate 函数为 Time 类友元函数
};

void Date::showDate(Time& t)
{
        cout<<year<<"-"<<month<<"-"<<day<<endl;
        cout<<t.hour<<":"<<t.minute<<":"<<t.second<<endl;
}

int main( )
{
        Date d(2000,1,1);
        Time t(7,20,55);
        d.showDate(t);
        return 0;
}
```

程序运行结果为：

```
2000-1-1
7:20:55
```

知识点拨：

（1）在例 6.18 中定义了两个类：Time 和 Date。程序第 3 行的语句"class Time;"是对 Time 类的提前引用声明，因为在 Date 类中，对 showDate 函数的声明（程序第 13 行）中要用到类名"Time"，而对 Time 类的定义却在其后。

那么，能否将 Time 类的声明提到前面来呢？

答案是不能。原因如下：Data 类中第 4 行使用 Time 类，在使用前要求先声明

Time 类。针对此问题，C++ 允许对类做"提前引用"的声明，即声明一个类名可以放在正式声明一个类之前，表示此类稍后进行声明。第 3 行就运用了此知识，它只有一个类名，并没有类体。若无第 3 行的提前引用声明，程序在编译过程中会报错。

　　这里应当注意的是：类提前声明的使用范围是有限的，只有在正式声明一个类以后才能用它定义类对象。如果在上面程序的第 3 行后面增加一行："Date d1;// 企图定义一个对象"，则程序在编译时就会报错。因为在定义对象时，要为这些对象分配存储空间，在正式声明类之前，编译系统在为对象分配空间时存在不确定性。编译系统只有在"见到"类体后，才能确定应该为对象预留多大的空间。

　　在对一个类做了提前引用声明后，可以用该类的名字定义指向该类型对象的指针变量或对象的引用变量（如在本例中，定义了 Time 类对象的引用变量）。这是因为指针变量和引用变量本身的大小是固定的，与它所指向的类对象的大小无关。

　　（2）以上程序是在定义"Date::showDate"函数之前正式声明 Time 类的。如果将对 Time 类声明的位置改到定义"Date::showDate"函数之后，编译就会出错，因为在"Date::showDate"函数体中要用到 Time 类的成员变量 hour、minute、second。如果不事先声明 Time 类，编译系统将无法识别 Time 类的成员变量。

　　（3）在一般情况下，两个不同的类是互不相干的。在本例中，由于在 Time 类中声明了 Date 类中的 showDate 成员函数是 Time 类的"朋友"，因此，该函数可以引用 Time 类中所有的数据。

　　（4）程序中调用友元函数访问有关类的私有数据的方法可总结如下：首先，在函数名"showDate"的前面要加 showDate 所在的对象名"d"。其次，showDate 成员函数的实参是 Time 类对象 t，否则就不能访问对象 t 中的私有数据。最后，在"Date::showDate"函数中引用 Time 类私有数据时，必须加上对象名"t"，如"t.hour"。

6.9.2　友元类

　　除了前面讲过的友元函数，友元还可以是类，即一个类可以做另一个类的友元。当一个类为另一个类的友元时，就意味着这个类的所有成员函数都是另一个类的友元函数。

　　友元类的声明方式如下：

```
friend class 类名 ;
```

　　例如在 A 类的定义体中，可以用以下语句声明 B 类为其友元类：

```
class A
{
    ……
    friend class B;
};
```

【例 6.19】友元类的应用实例。

相应代码如下：

```
#include <iostream>
using namespace std;
class Time
{
    int hour;
    int minute;
    int second;

public:
    Time(int h, int m, int s):hour(h),minute(m),second(s){}
    void showTime()
    {
        cout<<hour<<":"<<minute<<":"<<second<<endl;
    }
    friend class Date;          // 声明 Date 类是 Time 类的友元类
};

class Date
{
    int year;
    int month;
    int day;

public:
    Date(int y, int m, int d):year(y),month(m),day(d){}
    void showDate(Time& t)
    {
        cout<<year<<"-"<<month<<"-"<<day<<endl;
        cout<<t.hour<<":"<<t.minute<<":"<<t.second<<endl;
    }                    // Date 类可以访问 Time 类的所有成员
};

int main()
{
    Date d(2020,1,1);
    Time t(12,1,2);
    d.showDate(t);
    return 0;
}
```

知识点拨： 在例 6.19 的 Time 类中定义了 Date 类是其友元类。在 Date 类中，定义成员函数 showDate 函数，可以通过 Time 类对象的引用方式访问 Time 类的私有成员。

注意：

（1）友元的关系是单向的，是不可逆的。即如果定义了 B 类是 A 类的友元类，并不等于 A 类也是 B 类的友元类。这就相当于 A 把 B 当朋友，不代表 B 也把 A 当朋友。

（2）友元的关系是不可传递的。即如果 B 类是 A 类的友元类，C 类是 B 类的友元类，那么 C 类并不一定是 A 类的友元类。这相当于 A 是 B 的好友，C 也是 B 的好友，但 A 有可能不认识 C。

（3）友元的使用有利有弊。友元的使用有助于数据共享、提高程序的效率，但是，因为友元可以访问其他类中的私有成员，所以从一定程度上破坏了类的封装性。

6.10　类模板

所谓类模板，实际上是建立一个通用类，其数据成员、成员函数的返回值类型和形参类型不具体指定，而是用一个虚拟的类型代表。使用类模板定义对象时，系统会用实参的类型取代类模板中的虚拟类型，从而实现不同类的功能。

定义一个类模板与定义函数模板的格式类似，必须以关键字"template"开始，后面是尖括号括起来的模板参数，然后是类名。

具体格式如下：

```
template <typename 类型参数 >
class 类名
{
    类成员声明
};
```

或

```
template <class 类型参数 >
class 类名
{
    类成员声明
};
```

通过类模板定义对象的一般形式如下：

```
类模板名 < 实际类型名 > 对象名 ( 参数表列 );
```

【例 6.20】声明一个类模板，分别实现两个整数、浮点数和字符的比较，求出大数和小数。

相应代码如下：

```cpp
#include<iostream>
using namespace std;
template<typename T>          // 模板声明，其中 T 为类型参数
class Compare
{
public:
    Compare(T i,T j)
    {
        xValue=i;
        yValue=j;
    }
    T maxValue()
    {
        return (xValue>yValue)?xValue:yValue;
    }
private:
    T xValue,yValue;
};

int main()
{
    Compare<int>com1(3,7);                      // T 被 int 替代
    Compare<double>com2(12.34,56.78);           // T 被 double 替代
    Compare<char>com3('a','c');                 // T 被 char 替代
    cout<<" 其中的最大值是 : "<<com1.maxValue()<<endl;
    cout<<" 其中的最大值是 : "<<com2.maxValue()<<endl;
    cout<<" 其中的最大值是 : "<<com3.maxValue()<<endl;
    return  0;
}
```

程序运行结果为：

```
其中的最大值是 :7
其中的最大值是 :56.78
其中的最大值是 :c
```

知识点拨：

（1）在例 6.20 的 Compare 类中，用"template<typename T>"对模板进行了声明，其中"T"为虚拟类型参数。此时的"T"仅为虚拟类型参数名，名字可以任意取，只要符合标识符即可，它在后续使用中将会被实际的类型名取代。

（2）在主函数中，建立类对象时，通过语句"Compare<int>com1(3,7);"，编译器用标准类型 int 替换掉虚拟类型"T"，这样便把类模板具体化了。

（3）在例 6.20 中，成员函数（其中含有类型参数）是定义类体内的，但是，类模

板中的成员函数也可以在类模板外定义。在 C++ 中，若成员函数中有参数类型存在，需要符合如下特殊规定：

①在成员函数定义之前进行模板声明。

②在成员函数名前缀上"类名 < 类型参数 >::"。

在类模板外定义成员函数的一般形式如下：

```
template<typename 类型参数 >
 函数类型 类名 < 类型参数 >:: 成员函数名 ( 形参表 )
{
     函数体 ;
}
```

如例 6.20 中，成员函数 max 在类模板外定义时，应该写成：

```
template<typename T>
T Compare<T>::max()
{
    return (x>y)?x:y;
}
```

【例 6.21】模板类成员函数在类体外定义的应用实例。

相应代码如下：

```
#include<iostream>
using namespace std;
template<typename T>          // 模板声明，其中 T 为类型参数
class Compare
{
public:
    Compare(T i,T j)
    {
        xValue=i;
        yValue=j;
    }
    T maxValue();
private:
    T xValue,yValue;
};
template<typename T>

T Compare<T>::maxValue()
{
    return(xValue>yValue)?xValue:yValue;
}

int main()
{
    // 用类模板定义对象 com1，此时 T 被 int 替代
    Compare<int>com1(3,7);
```

```
// 用类模板定义对象 com2，此时 T 被 double 替代
Compare<double>com2(12.34,56.78);
// 用类模板定义对象 com3，此时 T 被 char 替代
Compare<char>com3('a','c');
cout<<" 其中的最大值是 : "<<com1.maxValue()<<endl;
cout<<" 其中的最大值是 : "<<com2.maxValue()<<endl;
cout<<" 其中的最大值是 : "<<com3.maxValue()<<endl;
return  0;
}
```

关于如何声明和使用类模板，本书总结如下。

（1）写一个实际的类。由于其语义明确、含义清楚，一般不会出错。

（2）将类中准备改变的类型名改用一个自己指定的虚拟类型名。

（3）在类声明的前面加入一行代码，其格式为：

```
template<class 虚拟类型参数 >
```

例如：

```
template<class numtype>         // 注意本行末尾无分号
class Compare
{...};                          // 类体
```

（4）用类模板定义对象时用以下形式：

```
类模板名 < 实际类型名 > 对象名 ;
类模板名 < 实际类型名 > 对象名 ( 实参表列 );
```

例如：

```
Compare<int> cmp;
Compare<int> cmp(3,7);
```

（5）如果在类模板外定义成员函数，应写成类模板形式：

```
template<class 虚拟类型参数 >
虚拟类型 类模板名 < 虚拟类型参数 >:: 成员函数名 ( 函数形参表列 ) {...}
```

本章习题

1. 构建一个 Student 类，要求：

（1）包含姓名、性别、年龄、家庭住址、总成绩。

（2）定义默认构造函数。

（3）定义带参数的构造函数。

（4）定义参数初始化表的构造函数。

（5）定义带默认参数的构造函数。

（6）定义不同类型的构造函数的重载。

（7）定义析构函数。

（8）定义成员函数 show，显示 Student 类中成员变量的信息。

（9）定义对象数组，并通过对象数组调用成员函数。

（10）定义指向对象的指针，并使用指针调用成员函数。

2．设计一个 Rectangle 类，要求如下：

（1）该类中的私有成员存放矩形的宽和高，并且默认值为 2。

（2）通过成员函数设置长和高。

（3）求周长和面积。

3．定义一个 Date 类，可以通过多种方式设置日期，要求显示时间，格式为 × 年 × 月 × 日 × 时 × 分 × 秒，如 2020 年 1 月 1 日 20 时 30 分 20 秒。

4．写一个日期类（Date），要求：

（1）包含年、月、日 3 个成员变量。

（2）分别写出带默认参数的构造函数（默认值为 2000 年 1 月 1 日）、带 3 个参数的构造函数、带初始化列表的构造函数。

（3）写出析构函数，在析构函数中输出语句"调用析构函数"。

（4）写出成员函数（showDate），将日期输出到屏幕上。

（5）定义日期类对象数组，包含 3 个对象，并分别输出 3 个对象的日期。

类的继承和派生

面向对象技术强调软件的可重用性，C++ 提供了类的继承机制，解决了软件重用问题。其中，继承是 C++ 的一个重要组成部分，也是面向对象程序设计语言的主要特点。

7.1 继承和派生的概念

一般来说，一个类中包含多个数据成员和成员函数，不同的类中的数据成员和成员函数是存在差异的，但在特殊情况下，不同的类也会有较多相同的部分。在生成新的类的时候，若将原先声明过的类作为基础再添加新的内容，就可以大大减少工作量，避免重复操作，并且可以使代码简洁、明了。

对此，C++ 针对软件重用的问题，提出了继承机制：在 C++ 中，"继承"是在一个已经存在的类的基础上建立一个新的类。已存在的类称为"基类"，或者"父类"，在基类的基础上建立的类称为"派生类"或"子类"。派生类（子类）继承了基类（父类）的某些数据成员和成员函数，并对成员进行了增加或修改。

一个新类从已有的类那里获得特性，称为类的继承。换个角度讲，在一个已有的类的基础上产生一个新的子类，为类的派生。基类和派生类的关系可以表述为：派生类是基类的具体化，基类则是派生类的抽象。

一个基类 A 可以派生出派生类 B，在派生出的类 B 的基础上，又可以派生出新的类 C。因此，可以说基类和派生类是相对的。

一个派生类不仅能由一个基类派生，也可以从多个基类中派生。一个派生类由一个基类派生的，叫作单继承（如图 7-1 所示）；由两个或两个以上的基类派生的，称为多重继承（如图 7-2 所示）。

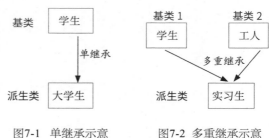

图7-1 单继承示意 　　图7-2 多重继承示意

7.2 派生类的声明方式

先通过例 7.1 来说明派生类的声明方式。

【例 7.1】定义一个 Student 基类，并派生出一个 Undergraduate 类。

相应代码如下：

```cpp
#include <iostream>
class Student                         // 声明 Student 基类
{
private:
    string name;
    int num;
    char sex;
public:
    void show()
    {
        cout << "name=" << name << endl;
        cout << "num=" << num << endl;
        cout << "sex=" << sex << endl;
    }
};

class Undergraduate:public Student        // 通过公用继承 Undergraduate 类
{
private:
    string major;                         // 新增的数据成员
    float subsidy;
public:
    void show_1()                         // 新增的成员函数
    {
        cout << "major=" << major << endl;
        cout << "subsidy=" << subsidy<< endl;
    }
};
```

知识点拨： 由例 7.1 可知，Student 基类的定义方式跟普通类的定义没什么区别，派生类 Undergraduate 的定义方式与基类的不同，其形式如下：

class Undergraduate:public Student

"class" 后面的 "Undergraduate" 是新建的类名，后面是个冒号，冒号后面是已经定义好的基类。在冒号和基类中间还增加了一个关键词 "public"，用来表示派生类和基类的继承关系为公用继承。

声明派生类的形式为：

class 派生类名 : 继承方式 基类名 , 继承方式 基类名

```
{
    派生类新增的成员
};
```

继承方式一般包括 public(公用继承)、private(私有继承)、protected(受保护继承) 3 种，其中程序默认值为 private。也就是说，类的默认继承属性是私有的。

7.3　派生类的构成

派生类中的成员分为两部分——从基类继承过来的成员和自己增加的成员，且每一部分都拥有基类的数据成员和成员函数。在例 7.1 中，基类和派生类的成员构成情况如图 7-3 所示。

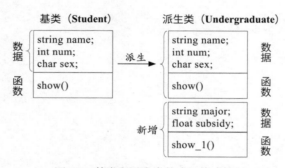

图7-3　基类和派生类的成员构成情况

构造一个派生类包括以下 3 个部分的工作。

（1）从基类接收成员。派生类要把基类全部的成员（不包括构造函数和析构函数）接收过来。在接收时，不能选择性地接收其中一部分成员，舍弃另一部分成员。

（2）调整从基类接收的成员。接收基类成员是程序人员不能选择的，但是程序人员可以对这些成员做某些调整。例如，可通过私有继承方式，将基类的公用成员在派生类中修改为私有成员。

（3）声明派生类时增加的成员。这部分内容体现了派生类对基类功能的扩展，要根据需要仔细考虑应当增加哪些成员。

此外，在声明派生类时，一般还要定义派生类的构造函数和析构函数，因为构造函数和析构函数是不能从基类继承的。

7.4　派生类成员的访问属性

派生类由基类派生的成员以及自己增加的成员组成，这产生了一些新的问题，比如这两部分的成员关系和访问属性怎么处理？上文讲到，创建派生类时，并非直接将基类的私有成员作为派生类的私有成员，或将基类的公用成员作为派生类的公用成员。在实际的操作过程中，对由基类继承的成员和派生类本身增加的成员，会根据不同的情况对它们进行处理。

1. 访问属性的不同情况

具体来说，在讨论访问属性时，要考虑以下几种情况。

（1）基类的成员函数访问基类成员。

（2）派生类的成员函数访问派生类自己增加的成员。

（3）基类的成员函数访问派生类的成员。

（4）派生类的成员函数访问基类的成员。

（5）在派生类外访问派生类的成员。

（6）在派生类外访问基类的成员。

（1）和（2）这两种情况比较简单，基类的成员函数可以访问基类成员，派生类的成员函数也可以访问派生类成员。私有数据成员只能被同一类中的成员函数访问，公用成员可以被外界访问。

情况（3）比较明确，基类的成员函数只能访问基类的成员，而不能访问派生类的成员。

情况（5）也比较明确，在派生类外可以访问派生类的公用成员，而不能访问派生类的私有成员。

情况（4）和（6）就稍微复杂一些，也容易混淆。由此又衍生了以下问题：基类中的成员函数是可以访问基类中的任一成员的，那么派生类中新增加的成员是否也可以访问基类中的私有成员？在派生类外，能否通过派生类的对象名访问从基类继承的公用成员？这些问题涉及如何确定基类成员以及派生类中的访问属性的知识，在考虑对基类成员声明的访问属性的同时，也要注意派生类声明的对基类的继承方式。这两种因素共同决定基类成员在派生类中的访问属性。

2. 对基类的继承方式

前面提到过，在派生类中，对基类的继承方式有 public(公用继承)、private（私有继承）和 protected（受保护继承）3 种。不同的继承方式决定了基类成员在派生类中的访问属性。简单地说可以总结如下。

（1）公用继承：基类的公用成员和受保护成员在派生类中保持原有的访问属性，其私有成员仍为基类私有。

（2）私有继承：基类的公用成员和受保护成员在派生类中成了私有成员，其私有成员仍为基类私有。

（3）受保护继承：基类的公用成员和受保护成员在派生类中成了受保护成员，其私有成员仍为基类私有。受保护成员的意思是：不能被外界引用，但可以被派生类的成员引用。

注意：不论什么方式的继承，其基类的私有成员都不会成为派生类的成员，它仍然是基类的私有成员，只有基类的成员函数可以引用它，派生类的成员函数不能引用。因此，基类的私有成员变量就成了派生类中不可访问的成员。

7.4.1　公用继承

在定义一个派生类时，将基类的继承方式指定为 public，这种方式称为公用继承。以公用继承的方式建立的派生类称为公用派生类，其基类称为公用基类。

采用公用继承方式时，基类的公用成员仍然保持其公用成员的属性，受保护成员在派生类中保持为受保护的成员属性，其私有成员仍为基类私有。

【例 7.2】公用继承举例：以 Student 为基类派生出 Student1 类，在派生类 Student1 中访问基类 Student 的不同访问属性的成员变量，分析公用派生类成员如何访问基类成员。

相应代码如下：

```
#include <iostream>
#include <string>
using namespace std;
class Student
{
private:
    int num;
protected:
    char sex;
public:
    string name;
    Student(int n, string nam, char s):num(n), name(nam), sex(s) {}
    void show()
    {
        cout << "num:" << num << endl;
        cout << "name:" << name << endl;
        cout << "sex:" << sex << endl;
```

```
        };
    };

class Undergraduate:public Student
{
private:
    int age;
    string address;
public:
    Undergraduate(int n, string nam, char s,int ag,string ad) :Student(n,nam,s){
age=ag;address=ad; }                          //Undergraduate 的默认构造函数
    void show_1()
    {
        cout << "num:" << num << endl;           // 基类中的私有成员（错误）
        cout << "name:" << name << endl;         // 基类中的公用成员（正确）
        cout << "sex:" << sex << endl;           // 基类中的受保护成员（正确）
        cout << "age:" << age << endl;           // 派生类新增的成员（正确）
        cout << "address:" << address << endl;   // 派生类新增的成员（正确）
    }
};
```

由于基类的私有成员变量对于派生类来说是不可访问的，因此，派生类 Undergraduate 中的 show_1 函数，直接引用基类的私有数据成员"num"是不允许的。"num"变量只能通过基类的成员函数引用。

接下来分析在类体外访问两个类中不同的成员变量：

```
int main()
{
    // 类外访问
    Undergraduate ug(101,"Zhang", 'M',28,"Beijing");
    cout << "num:" << ug.num << endl;           // 基类中的私有成员（错误）
    cout << "name:" << ug.name << endl;         // 基类中的公用成员（正确）
    cout << "sex:" << ug.sex << endl;           // 基类中的受保护成员（错误）
    cout << "age:" << ug.age << endl;           // 派生类新增的私有成员（错误）
    cout << "address:" << ug.address <<endl;    // 派生类新增的私有成员（错误）
    return 0;
};
```

在类体外只能访问基类中的公用成员变量"name"，而基类中的私有成员、受保护成员以及派生类新增的私有成员，都无法在类体外访问。

为避免错误，可以将派生类 Undergraduate 的声明改为：

```
class Undergraduate: public Student
{
private:
    int age;
    string address;
public:
    Undergraduate(int n,string nam, char s,int ag,string ad):Student(n,nam,s){ age=ag;
```

```
address=ad; }                                    // Student1 的默认构造函数
    void show_1()
    {
        cout << "age:" << age << endl;           // 派生类新增的成员
        cout << "address:" << address << endl;   // 派生类新增的成员
    }
};
```

在 main 函数中分别调用基类的 show 函数和派生类的 "show_1" 函数，分别输出 5 个数据：

```
int main()
{
    // 定义派生类 Undergraduate 的对象 ug
    Undergraduate ug(1001," 小明 ",'M',21,"Zibo");
    // 调用基类的公用成员函数，输出 num、name 和 sex 3 个数据成员的值
    ug.show();
    // 调用派生类的公用成员函数，输出 age、address 2 个数据成员的值
    ug.show_1();
};
```

程序运行结果为：

```
num: 1001
name: 小明
sex: M
age: 21
address: Zibo
```

知识点拨： 在该程序中，定义了派生类 Undergraduate 的对象 ug，然后通过 ug 调用派生类的公用成员函数 "show_1()"，输出派生类的信息；用 ug 调用基类的公用成员函数 "show()"，输出基类的信息。

7.4.2　私有继承

在定义一个派生类时，将基类的继承方式指定为 private，这种继承方式称为私有继承。用私有继承方式建立的派生类称为私有派生类，其基类称为私有基类。

采用私有继承方式时，基类的公用成员和受保护成员在派生类中成了私有成员，其私有成员仍为基类私有。私有基类的公用成员和受保护成员在派生类中的访问属性相当于派生类中的私有成员，只有派生类的数据成员才能访问它们，在类体外不能访问它们。而私有基类成员在派生类中成为不可访问的成员，只有基类的成员函数才能够引用。

既然声明为私有继承，就表示将原来能被外界引用的成员隐藏起来，变得不能被外界引用。利用这个特性可以将不需要再继续往下继承的成员用私有继承的方式隐藏

起来，这样，再下一层的派生对象就无法访问它的数据成员。

【例 7.3】保持例 7.2 的基类不变，将派生类的继承方式更改为私有继承，分析私有继承的派生类成员的访问属性。

相应代码如下：

```cpp
#include <iostream>
#include <string>
using namespace std;
class Student
{
private:
    int num;
protected:
    char sex;
public:
    string name;
    Student(int n, string nam, char s):num(n), name(nam), sex(s) {}
    void show()
    {
        cout << "num:" << num << endl;
        cout << "name:" << name << endl;
        cout << "sex:" << sex << endl;
    };
};

class Undergraduat:private Student                    //私有继承
{
private:
    int age;
    string address;
public:
    Undergraduate(int n, string nam, char s,int ag,string ad):Student(n,nam,s)
{ age=ag; address=ad; }                              //Undergraduate 的默认构造函数
    void show_1()
    {
        cout << "num:" << num << endl;               // 基类中的私有成员（错误）
        cout << "name:" << name << endl;             // 基类中的公用成员（正确）
        cout << "sex:" << sex << endl;               // 基类中的受保护成员（正确）
        cout << "age:" << age << endl;               // 派生类新增的成员（正确）
        cout << "address:" << address << endl;       // 派生类新增的成员（正确）
    }
};

int main()
{
    Undergraduate ug(101,"Zhang", 'M',28,"Beijing");
    cout << "num:" << ug.num << endl;                // 基类中的私有成员（错误）
    cout << "name:" << ug.name << endl;              // 基类中的公用成员（错误）
    cout << "sex:" << ug.sex << endl;                // 基类中的受保护成员（错误）
```

```
        cout << "age:" << ug.age << endl;           // 派生类新增的成员（错误）
        cout << "address:" << ug.address << endl;    // 派生类新增的成员（错误）
        return 0;
}
```

在派生类中访问基类的成员，由于基类的私有成员变量对于派生类来说是不可访问的，因此，在派生类 Undergraduate 中的 show_1 函数中直接引用基类的私有数据成员 "num" 是不允许的。"num" 变量只能通过基类的成员函数引用。

在类体外访问 ug 的成员，有 5 条语句报错。其中基类的私有成员变量不能在类外访问，导致成员变量 "num" 不能被成功输出。派生类通过私有继承，其成员成为私有成员变量，导致成员变量 "name" 的访问失败，故不能在类外访问。成员变量 "sex" 不能访问的原因是它在基类中是受保护的成员变量，故不能在类外访问。成员变量 "age" 和 "address" 不能类外访问的原因是它们是派生类的私有成员。

本例是私有继承，函数 show 在派生类中属于私有成员函数，不能在类体外直接调用 show 函数输出 num、name 和 sex 3 个变量，但可以利用派生类中的公用函数 show_1 调用函数 show 输出，然后再输出 age 和 address 两个变量。相应代码如下：

```
class Undergraduate: private  Student
{
private:
    int age;
    string address;
public:
    Undergraduate(int n,string nam,char s,int ag,string ad):Student(n,nam,s)
{age=ag;address=ad;}                           //Student1 的默认构造函数
    void show_1()
    {
        // 在私有派生类的公用成员函数 show_1 中调用基类的公用成员函数 show
        show();
        cout << "age:" << age << endl;            // 派生类新增的成员
        cout << "address:" << address << endl;    // 派生类新增的成员
    }
};

int main()
{
    Undergraduate ug(1, " 小明 ", 'M', 21, "Zibo");
    ug.show_1();                  // 调用派生类的公用成员函数，输出 5 个数据成员的值
};
```

知识点拨： 在私有派生类 Undergraduate 中，成员函数 show_1 可以访问私有基类的公用成员 show 函数，输出基类的信息。在主函数中，通过 Undergraduate 对应的对象 ug 访问派生类的公用成员 show_1 函数，输出基类和派生类的成员信息。

7.4.3　受保护继承

在定义一个派生类时,将基类的继承方式指定为 protected,称为受保护继承。用受保护继承方式建立的派生类称为受保护派生类或者受保护成员。

从类的用户角度来看,受保护成员等价于私有成员,但与私有成员不同的是,受保护成员可以被派生类的成员函数引用。如果基类声明了私有成员,那么任何派生类都不能访问它们,如果希望能够在派生类中访问它们,应当把它们声明为受保护成员。

受保护继承的特点是:当基类的公用成员和受保护成员成为派生类中的受保护成员时,基类先前的公用成员也会受到保护,能防止被类外任意访问,而其私有成员仍被基类私有。

私有继承和受保护继承的区别与联系主要体现在以下方面。

相同点:在直接派生中,两种继承方式的作用实际上是相同的,那就是在类外不能访问任何成员,而在派生类中可以通过成员函数访问基类中的公用成员和受保护成员。

不同点:如果以公用继承方式派生出一个新派生类,原来私有基类中的成员在新派生类中都成为不可访问的成员,无论在派生类内或外都不能访问;而原来受保护基类中的公用成员和受保护成员在新派生类中成为受保护成员,可以被新派生类的成员函数访问。基类的私有成员被派生类继承后,变为不可访问的成员,派生类中的一切成员均无法访问它们。(如果需要在派生类中引用基类的某些成员,应当将基类的这些成员声明为 protected,而不要声明为 private。)

【例 7.4】保持例 7.2 的基类不变,将派生类的继承方式更改为受保护继承,分析受保护继承的派生类成员的访问属性。

相应代码如下:

```
#include <iostream>
#include <string>
using namespace std;
class Student
{
private:
    int num;
protected:
    char sex;
public:
    string name;
    Student(int n, string nam, char s):num(n), name(nam), sex(s) {}
    void show()
    {
```

```
            cout << "num:" << num << endl;
            cout << "name:" << name << endl;
            cout << "sex:" << sex << endl;
        };
};

class Undergraduate:protected Student        // 受保护继承
{
private:
    int age;
    string address;
public:
    Undergraduate(int n, string nam, char s,int ag,string ad) :Student(n,nam,s){ age=ag;
address=ad; }                                //Undergraduate 的默认构造函数
    void show_1()
    {
        cout << "num:" << num << endl;        // 基类中的私有成员（错误）
        cout << "name:" << name << endl;       // 基类中的公用成员（正确）
        cout << "sex:" << sex << endl;         // 基类中的受保护成员（正确）
        cout << "age:" << age << endl;         // 派生类新增的成员（正确）
        cout << "address:" << address << endl; // 派生类新增的成员（正确）
    }
};

class Graduate:protected Undergraduate       // 受保护继承
{
    ......
private:
    float score;
    void show_2()
    {
        cout << "num:" << num << endl;        // student 中的私有成员（错误）
        cout << "name:" << name << endl;       // student 中的公用成员（正确）
        cout << "sex:" << sex << endl;         // student 中的受保护成员（正确）
        cout << "age:" << age << endl;         // Undergraduate 新增的成员（正确）
        cout << "address:" << address << endl; // Undergraduate 新增的成员（正确）
        cout<< "socre"<<score<<endl;          // Graduate 新增的成员（正确）
    }
};

int main()
{
    Undergraduate ug(101,"Zhang", 'M',28,"Beijing");
    cout << "num:" << ug.num << endl;        // 基类中的私有成员（错误）
    cout << "name:" << ug.name << endl;       // 基类中的公用成员（错误）
    cout << "sex:" << ug.sex << endl;         // 基类中的受保护成员（错误）
    cout << "age:" << ug.age << endl;         // 派生类新增的成员（错误）
    cout << "address:" << ug.address << endl; // 派生类新增的成员（错误）
    return 0;
}
```

知识点拨：例 7.4 的运行结果与例 7.2 一致。但如果在其基础上继续派生，由 Undergraduate 派生出 Graduate 类，例如：

```cpp
class Graduate:protected Undergraduate            // 受保护继承
{
......
private:
    float score;
    void show_2()
    {
        cout << "num:" << num << endl;          // student 中的私有成员（错误）
        cout << "name:" << name << endl;        // student 中的公用成员（正确）
        cout << "sex:" << sex << endl;          // student 中的受保护成员（正确）
        cout << "age:" << age << endl;          // Undergraduate 新增的成员（正确）
        cout << "address:" << address << endl;  // Undergraduate 新增的成员（正确）
        cout<< "socre"<<score<<endl;            // Graduate 新增的成员（正确）
    }
};
```

此时，3 个类的继承方式为多重继承（见第 7 章第 7.6 节的内容），在 Graduate 中依然可以访问 Student 的受保护成员和公用成员。如果 3 个类之间的继承属性为私有继承，那么在 Graduate 中是不可以访问 Student 的所有成员变量的。

注意：任何一种继承方式，在派生类中都无法访问基类的私有成员，私有成员只允许本类的成员函数访问。在多级派生时，如果都采用公用继承的方式，那么，直到最后一级，派生类都能访问基类的公用成员和受保护成员。如果采用私有继承方式，经过若干次派生之后，基类的所有成员都会变成不可访问的。如果采用受保护继承方式，在派生类外是无法访问派生类中的任何成员的。而且经过多次派生后，我们很难清楚地记住哪些成员可以访问，哪些成员不能访问。因此，在实际操作中，常用的是公用继承。

3 种继承方式下的基类成员在派生类中的访问属性的总结如表 7-1 所示。

表 7-1　3种继承方式下的基类成员在派生类中的访问属性的总结

基类成员	在公共派生类中的访问属性	在私有派生类中的访问属性	在受保护派生类中的访问属性
私有成员	不可访问	不可访问	不可访问
公用成员	公共	私有	保护
受保护成员	保护	私有	保护

7.5　派生类的构造函数和析构函数

编写派生类的构造函数时，不仅要将派生类增加的数据成员的初始化问题考虑进去，也要考虑到基类的数据成员的初始化问题。当执行派生类的构造函数时，要保证派生类的数据成员和基类的数据成员都已被初始化。

解决这个问题的思路是：在执行派生类的构造函数时，调用基类的构造函数。

7.5.1　简单派生类的构造函数

简单派生类只有一个基类，而且只有一次派生，如例 7.2 中的 Undergraduate 类。简单派生类的构造函数的一般形式为：

派生类构造函数名（总参数列表）: 基类构造函数名（参数列表）
{ 派生类中新增的数据成员初始化语句 }

在 Undergraduate 类中定义构造函数的形式为：

Undergraduate(int n, string nam, char s,int ag,string ad):Student(n,nam,s){ age=ag; address=ad; }

Undergraduate 类的构造函数有 5 个参数，其中传递前 3 个参数给基类，完成基类的初始化，之后的 2 个参数对派生类新增的成员进行初始化。例 7.5 是一个完整的例子。

【例 7.5】简单派生类的构造函数应用实例。

相应代码如下：

```
#include <iostream>
using namespace std;
class Point
{
    int xValue;
    int yValue;
public:
    Point(int x, int y)
    {
        xValue=x;
        yValue=y;
    }
    void showPoint()
    {
        cout<<"("<<xValue<<","<<yValue<<")"<<endl;
    }
};

class Circle:public Point
```

```
{
    int radius;
public:
    Circle(int x, int y, int r ):Point(x,y)          // 简单派生类的构造函数
    {
        radius=r;
    }
    void showCircle()
    {
        showPoint();
        cout<<"r="<<radius<<endl;
    }
};

int main()
{
    Circle c(0,0,1);
    c.showCircle();
    return 0;
}
```

程序运行结果为：

```
( 0,0 )
r=1
```

知识点拨： 在例 7.5 中，定义了一个基类 Point，它包含 2 个私有成员变量 "xValue" 和 "yValue"。类 Circle 是 Point 的公用派生类，增加了 1 个成员变量 "radius"。派生类 Circle 的构造函数包含 3 个形参，通过调用基类的构造函数，将前 2 个参数传递给基类的构造函数，初始化基类，最后 1 个参数对新增加的成员变量进行初始化。

派生类的构造函数还可以在类体内声明、在类体外定义，即在 Circle 类中声明派生类的构造函数：

```
Circle(int x, int y, int r );
```

在类体外定义 Circle 类的构造函数：

```
Circle::Circle(int x, int y, int r )::Point(x,y)
    {
        radius=r;
    }
```

注意：

（1）在类中对派生类构造函数进行声明时，注意不应包含基类构造函数名及参数列表，只在定义函数时将它列出即可。

（2）调用基类构造函数时，实参不从派生类构造函数的总参数表中传递，而直接使用常量或全局变量。

例如：

```
Circle(int x, int y, int r )::Point(0, y)
```

即基类构造函数 2 个实参，其中一个为常量 0，另外一个从派生类构造函数的总参数表传递过来。

（3）不仅可以利用初始化表对构造函数的数据成员进行初始化，而且还可以利用初始化表调用派生类的基类构造函数，实现对基类数据成员的初始化。

例如：

```
Circle::Circle(int x, int y, int r )::Point(x,y), radius(r){}
```

（4）执行派生类构造函数的顺序为：先调用基类构造函数，再执行派生类构造函数本身（即派生类构造函数的函数体）。具体参见例 7.6。

【例 7.6】构造函数调用顺序的应用实例。

相应代码如下：

```cpp
#include <iostream>
using namespace std;
class A
{
    int aValue;
public:
    A(int a)
    {
        aValue=a;
        cout<<" 调用基类构造函数 "<<endl;
    }
};
class B:public A
{
    int bValue;
public:
    B(int a, int b):A(a)
    {
        bValue=b;
        cout<<" 调用派生类构造函数 "<<endl;
    }
};

int main()
{
    B b(1,2);
    return 0;
}
```

程序运行结果为：

```
调用基类构造函数
调用派生类构造函数
```

7.5.2　有子对象的派生类构造函数

在前面介绍的几种派生类中，成员变量都是标准类型或者系统自定义类型，如int、float、string 等。实际上，派生类的成员变量还可以是基类的对象。如在例 7.7 中，有在 Circle 类中定义一个数据成员的语句"Point originPoint;"，此时，"originPoint"就是派生类的内嵌对象，称为子对象。该对象应该有初始值，因此，需要同时对该对象进行初始化。

【例 7.7】有子对象的派生类构造函数的应用实例。

相应代码如下：

```
#include <iostream>
using namespace std;
class Point
{
    int xValue;
    int yValue;
public:
    Point(int x, int y)
    {
        xValue=x;
        yValue=y;
    }
    void showPoint()
    {
        cout<<"("<<xValue<<","<<yValue<<")"<<endl;
    }
};

class Circle:public Point
{
    int radius;
    Point originPoint;
public:
    Circle(int x, int y, int origin_x, int origin_y, int r):Point(x,y),originPoint(origin_x,
origin_y)                        //有子对象的派生类的构造函数
    {
        radius=r;
    }
    void showCircle()
    {
        cout<<"The point is "<<endl;
        showPoint();
        cout<<"The origion point is"<<endl;
        originPoint.showPoint();
        cout<<"The circle is "<<endl;
        cout<<"r="<<radius<<endl;
    }
```

```
};

int main()
{
    Circle c(8,9,0,0,1);
    c.showCircle();
    return 0;
}
```

程序输出结果为:

```
The point is
(8,9)
The origion point is
(0,0)
The circle is
r=1
```

知识点拨:(1)定义有子对象的派生类构造函数的一般形式为:

派生类构造函数名 (总参数表列): 基类构造函数名 (参数表列), 子对象名 (参数表列)
    { 派生类中新增数据成员初始化语句 }

例如:

```
Circle(int x, int y, int origin_x, int origin_y, int r):Point(x,y),originPoint(origin_x,
origin_y)
{
    radius=r;
}
```

(2)在例 7.7 的主函数中,建立 Circle 类对象 c 时指定了 5 个实参,这 5 个实参按顺序传递给派生类 Circle 的构造函数的形参,然后派生类构造函数将前两个传递给基类构造函数的形参,第 3 个和第 4 个传递给子对象构造函数的形参,最后 1 个初始化成员变量 radius。

(3)也可以将派生类构造函数在类外定义,而在类体中只写该函数的声明:

```
Circle(int x, int y, int origin_x, int origin_y, int r);        // 声明
Circle::Circle(int x, int y, int origin_x, int origin_y, int r):Point(x,y),originPoint(origin_
x, origin_y)
                                                // 有子对象的派生类的构造函数
{
    radius=r;
}
```

(4)执行有子对象的派生类构造函数的顺序是:首先,调用基类构造函数,对基类数据成员进行初始化;其次,调用子对象构造函数,对子对象数据成员进行初始化;最后,执行派生类构造函数本身,对派生类数据成员进行初始化。

(5)有子对象的派生类构造函数的总参数表列中的参数,应当包括基类构造函数和子对象的参数表列中的参数。基类构造函数和子对象的次序可以是任意的。如上面

的派生类构造函数首部可以写成：

```
Circle(int x, int y, int origin_x, int origin_y, int r):originPoint(origin_x, origin_y),
Point(x,y),radius(r){}
```

但在应用中，我们往往习惯先写基类构造函数。

7.5.3　多级派生类的构造函数

一个类可以派生出一个派生类，派生类又可以继续派生，形成多级派生的层次结构。

例如：可以由点类增加一个半径，派生出一个圆类，再增加一个高度，派生出一个圆柱体类，点、圆、圆柱体构成了一个多层的派生类结构。

此时，点类为基类，圆类是点类的派生类，圆柱类是圆类的派生类，则圆柱类也是点类的派生类。圆类为点类的直接派生类，圆柱类为点类的间接派生类。点类是圆类的直接基类，是圆柱类的间接基类。多级派生情况下派生类的构造函数的应用实例见例 7.8。

【例 7.8】多级派生情况下派生类的构造函数的应用实例。

相应代码如下：

```cpp
#include <iostream>
using namespace std;
class Point
{
    int xValue;
    int yValue;
public:
    Point(int x, int y)
    {
        xValue=x;
        yValue=y;
    }
    void showPoint()
    {
        cout<<"("<<xValue<<","<<yValue<<")"<<endl;
    }
};

class Circle:public Point
{
    int radius;
public:
    Circle(int x, int y,  int r):Point(x,y)          // 直接派生类的构造函数
    {
        radius=r;
```

```
        }
        void showCircle()
        {
            cout<<"The point is "<<endl;
            showPoint();
            cout<<"The circle is "<<endl;
            cout<<"r="<<radius<<endl;
        }

};
class Cylinder:public Circle
{
private:
    int height;
public:
    Cylinder(int x, int y,  int r, int h):Circle(x,y,r)        //间接派生类的构造函数
    {
        height=h;
    }
    void showCylinder()
    {
        showCircle();
        cout<<"The height is"<<endl;
        cout<<"h="<<height<<endl;
    }
};

int main()
{
    Cylinder c(0,0,1,2);
    c.showCylinder();
    return 0;
}
```

程序输出结果为：

```
The point is
（0,0）
The circle is
r=1
The height is
h=2
```

例 7.8 中构造函数的首部分别为：

```
基类 Point：Point(int x, int y)
派生类 Circle：Circle(int x, int y,  int r):Point(x,y)
派生类 Cylinder：Cylinder(int x, int y,  int r, int h):Circle(x,y,r)
```

可以看出，在多级派生情况下派生类的构造函数只负责给直接基类和自身进行初始化。

在声明 Cylinder 类对象时,调用 Cylinder 构造函数;在执行 Cylinder 构造函数时,调用 Circle 构造函数;在执行 Circle 构造函数时,调用基类 Point 构造函数。

初始化的顺序为:先初始化基类 Point 的数据成员"xValue"和"yValue",再初始化 Circle 的数据成员"radius",最后初始化 Cylinder 的数据成员"height"。

7.5.4　派生类的析构函数

在派生时,派生类无法继承基类的析构函数,要求派生类的析构函数调用基类的析构函数。在执行派生类的析构函数时,系统会自动调用基类的析构函数和子对象的析构函数,对基类和子对象进行清理。

【例 7.9】派生类的析构函数的应用实例。

相应代码如下:

```cpp
#include <iostream>
using namespace std;
class A
{
    int aValue;
public:
    A(int a)
    {
        aValue=a;
        cout<<" 调用基类构造函数 "<<endl;
    }
    ~A()
    {
        cout<<" 调用基类析构函数 "<<endl;
    }
};
class B:public A
{
    int bValue;
public:
    B(int a, int b):A(a)
    {
        bValue=b;
        cout<<" 调用派生类构造函数 "<<endl;
    }
    ~B()
    {
        cout<<" 调用派生类析构函数 "<<endl;
    }
};

int main()
{
```

```
        B b(1,2);
        return 0;
}
```

程序输出结果为：

```
调用基类构造函数
调用派生类构造函数
调用派生类析构函数
调用基类析构函数
```

知识点拨： 从例 7.9 中可以看出，调用析构函数的顺序与调用构造函数的顺序是相反的，它是先执行派生类自己的析构函数，对派生类新增加的成员进行清理；再调用基类的析构函数，对基类进行清理。

7.6　多重继承

当一个派生类有两个或多个基类时，派生类要从两个或多个基类中继承所需的属性。C++ 为了适应这种情况，允许一个派生类同时继承多个基类，这种继承方式称为多重继承。多重继承方式更符合实际，如孩子同时继承了父母的一些特征。

7.6.1　多重继承的声明方式

如果程序已经声明了类 A、类 B 和类 C，那么声明多重继承的派生类 D 的形式如下：

```
class D:public A,private B,protected C
{类 D 新增加的成员 };
```

在该程序中，类 D 是多重继承的派生类，其中继承类 A 的方式为公用继承，继承类 B 的方式为私有继承，继承类 C 的方式为受保护继承。类 D 分别按不同的继承方式的规则继承类 A、类 B、类 C 的属性，并确定各基类的成员在派生类中的访问权限。

例如：

```
class Sun:public Father, public MotherSun
{
    ......
};
```

7.6.2　多重继承的构造函数

多重继承派生类的构造函数的形式与单继承时的构造函数形式基本相同，两者之间的差异为：前者在初始表中包含多个基类构造函数。

例如：

派生类构造函数名 (总参数表列) : 基类 1 构造函数 (参数表列) , 基类 2 构造函数 (参数表列) , 基类 3 构造函数 (参数表列) { 派生类中新增数据成员初始化语句 }

其中各基类的排列顺序为任意。派生类构造函数的执行顺序同样为：先调用基类的构造函数，再执行派生类构造函数的函数体。调用基类构造函数时，按照声明派生类时基类出现的顺序调用。

【例 7.10】声明一个工人类（Worker）和一个学生类（Student），用多重继承的方式声明一个派生类实习生类（Intern）。要求：Worker 类中包括数据成员 name（姓名）、age（年龄）、salary（工资）。 Student 类中包括数据成员 name1（姓名）、sex（性别）、 score（成绩）。Intern 类再添加私有成员 subsidy（津贴），在定义派生类对象时给出初始化的数据，然后输出这些数据。

相应代码如下：

```cpp
#include<iostream>
#include<string>
using namespace std;
class Worker                                    //定义工人基类
{
protected:
    string name;
    int age;
    float salary;
public:
    Worker(string n, int a, float s)            //工人类构造函数
    {
        name=n;
        age=a;
        salary=s;                               //职称
    }
    void show1()                                //工人类的数据
    {
        cout << "name:" << name << endl;
        cout << "age:" << age << endl;
        cout << "salary:" << salary << endl;
    }
    ~Worker() {}
};

class Student                                   //定义学生基类
{
protected:
    string name1;
    char sex;
    int score;                                  //成绩
```

```
public:
    Student(string n, char s,int sc):name1(n), sex(s),score(sc) {  }    //学生类构造函数
    ~Student() {  }
    void show2()                                    //输出与学生有关的数据
    {
        cout << "name1:"<< name1 << endl;
        cout << "sex:" << sex << endl;
        cout << "score:" << score << endl;
    }
};

class Intern:public Student,public Worker          //定义实习生类
{
private:
    float subsidy;
public:
    Intern(string n, int a, float sa,char se, int sc, float w):Worker(n, a, sa), Student(n,
se,sc) { subsidy=w; }                              //实习生类构造函数
    void show3()                                    //实习生类输出函数
    {
        cout << "name:" << name << endl;
        cout << "age:" << age << endl;
        cout << "salary:" << salary << endl;
        cout << "sex:" << sex << endl;
        cout << "score:" << score << endl;
        cout << "subsidy:" << subsidy << endl;
    }
};

int main()
{
    Intern intern(" 小明 ", 20, 3000, 'M', 80, 800.50);
    intern.show3();
    return 0;
};
```

输出结果：

```
name: 小明
age: 20
salary: 3000
sex: M
score: 80
subsidy: 800.50
```

知识点拨：在例 7.10 中，定义了两个基类 Worker 和 Student，通过公用继承方式，Intern 继承了这两个基类。在公用派生类中定义派生类的构造函数：

```
Intern(string n, int a, float sa,char se, int sc, float w):Worker(n, a, sa), Student(n, se, sc)
{ subsidy=w; }
```

代码中分别调用了两个基类的构造函数，完成了基类的初始化，并初始化了自身

的成员变量。在 Intern 中定义了 show3 函数，分别显示了两个基类和派生类的成员变量信息。因为两个基类的成员变量均为受保护类型，因此，在公用派生类中访问基类的受保护类型是合法的。在主函数中通过派生类的对象调用 show3 函数可以显示 3 个类的成员变量信息。

7.6.3　多重继承产生的二义性

多重继承能够有效展示实际生活，高效解决一些较为复杂的问题，提高了编写程序的灵活性。与此同时，也加大了程序的复杂性，导致在维护和编写程序时变得较为困难。最常见的问题就是继承的成员因同名而产生的二义性。

在例 7.10 中，在两个基类 Worker 和 Student 中分别使用了 name 和 name1 两个成员变量来表示姓名，但在实习生类 Intern 中，这两个成员变量是同一个人的名字。在 Intern 的构造函数中可以看到，把输入的 "string n" 分别赋值给了 name 和 name1。

如果两个基类中都使用了同一个数据成员 name，而在统一参数时未声明其作用域，如 "cout<<"name:"<<name<<endl;"，就会引发二义性。此时，系统无法判断输出的 "name" 是来自 Worker 还是 Student，也就无法通过编译。这时，我们可以通过添加作用域来使其输出想要的 name。例如：

```
cout<<"name:"<<Student::name<<endl;        // 输出由 Student 类继承来的 name
```

再比如，把两个基类和派生类的输出数据成员的函数都命名为 "show"，经继承后的 Graduate 类就有 3 个 show 函数。此时，在 main 函数中调用 "intern.show();" 也会有二义性，但若这时使用 "intern.show()" 就不会使编译出错，因为它默认使用了派生类新增的 show 函数。如果想要使用由基类继承来的 show 函数，同样可以采用添加函数的作用域的方式。例如：

```
intern.Student::show();
```

对于同名成员操作的规则是：基类的同名函数在派生类中被屏蔽，成为不可见的，即派生类新增的同名成员覆盖了基类的同名成员。当使用同名成员时，系统默认使用在派生类中新增的同名的成员。

【例 7.11】解决函数的二义性的应用实例。

相应代码如下：

```
#include<iostream>
#include<string>
using namespace std;
```

```
    class Worker                                            // 定义工人基类
    {
    protected:
        string name;
        int age;
        float salary;
    public:
        Worker(string n, int a, float s)                    // 工人类构造函数
        {
            name=n;
            age=a;
            salary=s;                                       // 薪水
        }
        void show()                                         // 工人类的数据
        {
            cout<<"The worker's info: "<<endl;
            cout << "name:" << name << endl;
            cout << "age:" << age << endl;
            cout << "salary:" << salary << endl;
            cout<<"*************"<<endl;
        }

        ~Worker() {}
    };

    class Student                                           // 定义学生基类
    {
    protected:
        string name;
        char sex;
        int score;                                          // 成绩
    public:
        Student(string n, char s,int sc):name(n), sex(s),score(sc) { } // 学生类构造函数
        ~Student() { }
        void show()                                         // 输出与学生有关的数据
        {
            cout<<"The student's info:"<<endl;
            cout << "name:"<< name << endl;
            cout << "sex:" << sex << endl;
            cout << "score:" << score << endl;
            cout<<"*************"<<endl;
        }
    };

    class Intern:public Student,public Worker               // 定义实习生类
    {
    private:
        float subsidy;
    public:
        Intern(string n, int a, float sa,char se, int sc, float w):Worker(n, a, sa), Student(n,
```

```
se, sc) { subsidy=w; }                              // 实习生类构造函数
    void show()                                     // 实习生类输出函数
    {
        cout<<"The intern's info: "<<endl;
        cout << "name:" << Worker::name << endl;
        cout << "age:" << age << endl;
        cout << "salary:" << salary << endl;
        cout << "sex:" << sex << endl;
        cout << "score:" << score << endl;
        cout << "subsidy:" << subsidy << endl;
        cout<<"*************"<<endl;
    }
};

int main()
{
    Intern intern(" 小明 ", 20, 3000, 'M', 80, 800.50);
    intern.show();
    intern.Worker::show();
    intern.Student::show();
    return 0;
};
```

程序输出结果为：

```
The intern's info:
name: 小明
age: 20
salary: 3000
sex: M
score: 80
subsidy: 800.50
*************
The worker's info:
name: 小明
age: 20
salary: 3000
*************
The student's info:
name: 小明
sex: M
score: 80
*************
```

知识点拨：

（1）在例 7.11 的两个基类中都存在成员变量 name，因此，若在派生类中直接访问 name 成员变量，会引起二义性。解决的方法是：在引用成员变量之前加上类名，例如"Worker::name"或者"Student::name"。

（2）在 3 个类中都存在 show 成员函数时，在主函数中采用派生类的对象 intern 调用 show 函数，不会产生二义性，因为调用的是派生类成员函数。当需要通过派生类的对象调用基类的构造函数时，应当在函数名之前添加类的作用域。例如：调用 Worker 的 show 函数使用语句"intern.Worker::show();"。

7.7　虚基类

如果一个派生类存在多个直接基类，而且这几个直接基类又是由同一个基类派生得来的，这样就会导致在最终的派生类中产生多个同名的成员。

以类 A 为虚基类公用派生出类 B 和类 C，再以类 B 和类 C 为基类公用派生出类 D，其继承和派生关系如图 7-4 所示。

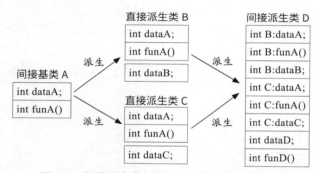

图 7-4　间接派生类包含多份间接基类成员示意

从图 7-4 可以看出，间接派生类 D 中包含了两份间接基类 A 的成员。在引用这些同名成员时，必须在派生基类的类名前增加直接基类名以避免二义性，使其能唯一标识一个成员。

一般情况下，建议不要在一个类中保留间接基类的多个同名成员。C++ 规定了虚基类的方式，在继承间接公共基类时只保存一个成员。

7.7.1　虚基类的定义方法

将类 A 声明为虚基类的方式如下：

class A	// 声明虚基类 A
{ };	
class B:virtual public A	// 声明类 B 是类 A 的公用派生类，A 是 B 的虚基类

```
{};
class C:virtual public A          // 声明类 C 是类 A 的公用派生类，A 是 C 的虚基类
{};
```

注意：虚基类并不是在声明基类时声明的，而是在声明派生类，指定继承方式时声明的。

声明的一般形式为：

```
class 派生类名 :virtual 继承方式 基类名
```

上述声明完成后，当基类通过多条派生路径被一个派生类继承时，该派生类只继承该基类一次。为了保证虚基类在派生类中只继承一次，应当在该基类的所有直接派生类中声明为虚基类，否则仍然会出现对基类的多次继承。

7.7.2 虚基类的初始化

如果在虚基类中定义了带参数的构造函数，但没有定义默认构造函数，则在所有派生类（包括直接派生或间接派生的派生类）中，通过构造函数的初始化表对虚基类进行初始化。

【例 7.12】虚基类的定义及初始化应用实例。

相应代码如下：

```cpp
#include<iostream>
#include<string>
using namespace std;
class A
{
public:
    A(int x) {}
};

class B:virtual public A
{
public:
    B(int x):A(x) {}
};

class C:virtual public A
{
public:
    C(int x):A(x) {}
};

class D:public B, public C
{
    D(int n):A(n),B(n),C(n) {};
};
```

```
int main()
{
......
};
```

注意： 在例 7.12 中，在定义类 D 的构造函数时，使用方法与之前有所差异。C++ 规定：最后的派生类需要对直接基类进行初始化，同时需要对虚基类进行初始化。C++ 编译系统只执行最后的派生类（如类 D）对虚基类构造函数的调用，而忽略虚基类的其他派生类（如类 B 和类 C）对虚基类的构造函数的调用，这样可以防止虚基类的数据成员进行多次初始化。

7.7.3 虚基类举例

【例 7.13】创建一个 Person 基类，其中包含保护数据成员 name、sex 和 age。以 Person 类为虚基类通过公用方式派生出 Student 类和 Worker 类，Student 类再额外添加数据成员 score，Worker 类再额外添加数据成员 wage 和 title。再由 Student 和 Worker 多重派生出实习生类 Intern，Intern 类再额外添加 address 数据。每个类体中都定义 show 函数，用来输出类体中的数据。

```cpp
#include<iostream>
#include<string>
using namespace std;

class Person                                          // 定义 Person 类
{
protected:
    string name;
    int age;
    char sex;
public:
    Person(string n, int a, char s):name(n), age(a), sex(s)
    {
        cout << " 执行 Person 的构造函数 " << endl;
    }
    void show()                                       // 输出 Person 类的内容
    {
        cout << "name:" << name << endl;
        cout << "age:" << age << endl;
        cout << "sex:" << sex << endl;
    }
    ~Person()
    {
        cout<<" 执行 Person 的析构函数 "<<endl;
    }
};
class Worker:virtual public Person                    // 定义工人基类
```

```cpp
{
protected:
    float wage;
    string title;
public:
    Worker(string n, int a, char s,float w,string t):Person(n,a,s)   //工人类构造函数
    {
        wage=w;
        title=t;
        cout << " 执行 Worker 的构造函数 " << endl;
    }
    void show()                                                      //输出工人的数据
    {
        cout << "name:" << name << endl;
        cout << "age:" << age << endl;
        cout << "sex:" << sex << endl;
        cout << "wage:" << wage << endl;
        cout << "title:" << title << endl;
    }
    ~Worker()
    {
        cout<<" 执行 Worker 的析构函数 "<<endl;
    }
};

class Student:virtual public Person                                 //定义学生基类
{
protected:
    int score;
public:
    Student(string n, int a, char s, int sc):Person(n, a, s)        //学生类构造函数
    {
        score=sc;
        cout << " 执行 Student 的构造函数 " << endl;
    }
    void show()                                                     //输出与学生有关的数据
    {
        cout << "name:" << name << endl;
        cout << "age:" << age << endl;
        cout << "sex:" << sex << endl;
        cout << "score:" << score << endl;
    }
    ~Student()
    {
        cout<<" 执行 Student 的析构函数 "<<endl;
    }
};

class Intern:public Student, public Worker                          //定义实习生类
{
```

```
private:
    string address;
public:
// 实习生类构造函数
Intern(string n,int a,char s,f loat w,string t,int sc,string ad):Person(n,a,s),
Student(n,a,s,sc), Worker(n,a,s,w,t)
{
    address=ad;
    cout << " 执行 Intern 的构造函数 " << endl;
}
    void show()                                                    // 实习生类输出函数
    {
        cout << "name:" << name << endl;
        cout << "age:" << age << endl;
        cout << "sex:" << sex << endl;
        cout << "wage:" << wage << endl;
        cout << "title:" << title << endl;
        cout << "score:" << score << endl;
        cout << "address:" << address << endl;
    }
    ~Intern()
    {
        cout<<" 执行 Intern 的析构函数 "<<endl;
    }
};

int main()
{
    Intern intern(" 小明 ", 25, 'W', 8000, "assistance",85,"Zibo");
    intern.show();
    return 0;
};
```

程序输出结果为：

```
执行 Person 的构造函数
执行 Student 的构造函数
执行 Worker 的构造函数
执行 Intern 的构造函数
name: 小明
age: 25
sex: W
wage: 8000
title: assistance
score: 85
address: Zibo
执行 Intern 的析构函数
执行 Worker 的析构函数
执行 Student 的析构函数
执行 Person 的析构函数
```

知识点拨：例 7.13 消除了二义性的问题，Person 类的构造函数只执行了一次，提高了运行效率。本例进一步证实了，程序会先调用间接基类 Person 的构造函数，然后是直接基类 Student 和 Worker 的构造函数（调用顺序视 Intern 构造函数中两者出现的顺序而定），最后调用 Intern 的构造函数。析构函数的调用顺序则正好跟构造函数的调用顺序相反。先调用 Intern 的析构函数，再调用直接基类 Worker 和 Student 的析构函数，最后调用间接基类 Person 的析构函数。

7.8 基类和派生类的转换关系

基类与派生类对象之间有赋值兼容关系，由于派生类中包含从基类继承的成员，因此可以将派生类的值赋给基类对象。当使用基类对象时，使用其子类对象代替即可。

基类与派生类的转换具体表现在 4 个方面。

（1）派生类对象可以向基类对象赋值。

可以用子类（即公用派生类）对象对其基类对象赋值。例如：

```
A a1;          //定义基类 A 对象 a1
B b1;          //定义类 A 的公用派生类 B 的对象 b1
a1=b1;         //用派生类 B 对象 b1 对基类对象 b1 赋值
```

注意：在赋值时会舍弃派生类自己的成员，如图 7-5 所示。

图7-5 派生类向基类赋值

（2）派生类对象可以替代基类对象向基类对象的引用进行赋值或初始化。

例如，已定义了基类 A 对象 a1，可以再用以下代码定义 a1 的引用变量：

```
A a1;          //定义基类 A 对象 a1
B b1;          //定义公用派生类 B 对象 b1
A& r=b1;       //定义基类 A 对象的引用变量 r，并用 b1 对其初始化
```

注意：此处的 "r" 并非 "b1" 的别称，也不会与 "b1" 存储在同一单元内，它仅仅是 "b1" 基类部分的别称，两者的基类部分共享同一存储单元，且具有同样的起始地址。

187

（3）函数的形参是基类对象或基类对象的引用，相应地，实参可以用子类对象。

如有函数 fun()：

```
void fun(A& r)                              // 形参是类 A 的对象的引用变量
{cout<<r.num<<endl;}                        // 输出该引用变量的数据成员 num
```

函数的形参是类 A 的对象的引用变量，实参应该为 A 类的对象。由于子类对象与派生类对象赋值兼容，派生类对象能自动转换类型，故在调用 fun 函数时，可以用派生类 B 的对象 b1 做实参：

```
fun(b1);
```

输出类 B 的对象 b1 的基类数据成员 num 的值。

如前文所述，在 fun 函数中只能输出派生类中基类成员的值。

（4）派生类对象的地址可以赋给指向基类对象的指针变量，也就是说，指向基类对象的指针变量也可以指向派生类对象。

【例 7.14】基类和派生类之间的转换关系应用实例。

相应代码如下：

```
#include <iostream>
using namespace std;
class Point
{
    int xValue;
    int yValue;
public:
    Point(int x, int y)
    {
        xValue=x;
        yValue=y;
    }
    float area()
    {
        return 0;
    }
    void showPoint()
    {
        cout<<" 点的坐标 "<<"("<<xValue<<","<<yValue<<")"<<endl;
    }
};

class Circle:public Point
{
    int radius;
public:
    Circle(int x, int y, int r ):Point(x,y)            // 派生类的构造函数
    {
```

```
            radius=r;
        }
        float area()
        {
            return (3.14*radius*radius);
        }
        void showCircle()
        {
            showPoint();
            cout<<" 圆的半径 "<<"r="<<radius<<endl;
        }
};

int main()
{
    Point pt1(10,10);                    // 基类对象
    pt1.showPoint();
    cout<<"*******"<<endl;
    Circle c(0,0,1);                     // 派生类对象
    c.showCircle();
    cout<<"*******"<<endl;
    pt1=c;                               // 将派生类的对象直接赋给基类
    pt1.showPoint();
    cout<<"*******"<<endl;
    Point& pt2=c;                        // 将派生类的对象赋给基类对象的引用
    pt2.showPoint();
    cout<<"*******"<<endl;
    cout<<" 点的面积 "<<pt1.area()<<endl;
    cout<<" 圆的面积 "<<c.area()<<endl;
    cout<<"*******"<<endl;
    Point* pt3=&pt1;
    cout<<" 点的面积 "<<pt3->area()<<endl;
    Point* pt4=&c;
    cout<<" 圆的面积 "<<pt4->area()<<endl;
    return 0;
}
```

程序运行结果为：

```
点的坐标 (10, 10)
*******
点的坐标 (0, 0)
圆的半径 r=1
*******
点的坐标 (0, 0)
*******
点的坐标 (0, 0)
*******
点的面积 0
圆的面积 3.14
*******
```

点的面积 0
圆的面积 0

知识点拨：

（1）在例 7.14 的程序中，先定义了基类 Point 及公用派生类 Circle，在前者中定义了一个函数 area 用以计算面积，返回点的面积为 0；在派生类中也定义了一个计算面积函数 area，返回圆的面积，两者同名。在主函数中的部分代码之间输出了"'********'"，将部分代码输出结果区分开，便于观察。

（2）在主函数中，先分别定义了基类 Point 和派生类 Circle 的对象 pt1 和 c，并通过对象分别调用显示函数，将基类和派生类的成员变量信息显示出来。接着，将派生类 Circle 的对象 c 赋值给基类 Point 的对象 pt1，输出的结果是 Circle 对象"c(0,0,1)"中 Point 部分"(0,0)"。随后，将派生类 Circle 的对象 c 赋值给基类 Point 对象引用 pt2，输出的结果依然是 Circle 对象 c 中 Point 部分"(0,0)"。

（3）通过基类和派生类的对象分别调用 area 函数，输出结果分别为 0 和 3.14，符合预期。

（4）将基类对象 pt1 的地址赋值给指向基类对象的指针变量 pt3，然后通过该指针变量调用 area 函数，输出的结果依然是 0。

（5）将派生类对象 c 的地址赋给指向基类的指针变量 pt4，通过 pt4 调用 area 函数，输出结果是 0。这说明并没有调用输出派生类的 area 函数，而只是访问了基类的同名函数 area。如果想通过指向基类对象的指针变量访问派生类的成员函数 area，需要将 area 函数声明成虚函数，并使用类的多态性机制。这一部分内容将在第 8 章讲解。

总结： 使用指向基类对象的指针变量指向派生类对象的优点为合法、安全，但也存在缺点，即通过指向基类对象的指针，仅仅能访问派生类中的基类成员，无法访问派生类增加的成员。

本章习题

1．判断题：

（1）公用基类的私有成员可以被派生类的成员函数访问。（　　）

（2）公用基类的公用成员可以被派生类对象访问。（　　）

（3）公用基类的受保护成员可以在派生类内被访问。（　　）

（4）受保护基类的公用成员可以在派生类外被访问。（　　）

（5）受保护基类的私有成员可以在派生类内被访问。（　　）

（6）受保护基类的保护成员可以被派生类的对象访问。（　　）

（7）派生类的成员函数可以访问基类中的受保护成员。（　　）

（8）私有基类的公用成员可以在派生类内被访问。（　　）

（9）私有基类的私有成员不能被派生类成员函数访问。（　　）

（10）私有基类的保护成员可以在派生类内被访问。（　　）

（11）保护基类的所有成员在派生类外都不能被访问。（　　）

（12）在派生类的成员函数中不能引用基类的保护成员。（　　）

（13）可以通过派生类对象引用从私有基类继承过来的公用成员。（　　）

（14）派生类的成员函数不能访问私有基类的私有成员，但可以访问私有基类的公用成员。（　　）

（15）可以通过派生类的成员函数调用私有基类的公用成员函数。（　　）

2. 定义教师类（Teacher）和干部类（Cadre），采用多重继承方式由这两个类派生出教师兼干部类。要求：

（1）在两个基类中包含姓名、年龄、性别、地址、电话等数据。

（2）在教师类中包含职称，在干部类中包含职务，在教师兼干部类中包含工资。

（3）在教师兼干部类中通过成员函数 show 调用教师类的 display 函数，输出教师的相关信息，再采用 cout 语句输出教师的职务与工资。

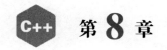

第 8 章

类的多态性

8.1　多态性的概念和表现形式

8.1.1　多态性的概念

多态性是指同一个函数作用于不同对象将呈现不同的效果。换句话说，即不同对象可以根据同一指令产生不同的响应，而响应这一指令的方式会在不同的类中给出相应的定义。

在现实生活中，我们可以看到很多多态性的例子。例如，在军事演习时，司令员发出"演习开始"的指令后，不同的对象会做出不同的响应：空军发动飞机，装甲兵开动装甲车，海军将潜艇潜入海底……这是由于各兵种各司其职，提前设计了演习方案，所以他们在收到演习开始的信号时，做出了不同的响应。

多态性是面向对象程序设计语言的关键技术和特点之一，主要用于提高程序的灵活性和通用性。

8.1.2　多态性的表现形式

在面对对象程序设计中，多态性可分为两类：静态多态性和动态多态性。

静态多态性又称为编译时的多态性，是指在编译过程中确定同名操作所针对的对象。在 C++ 中，静态多态性是通过函数的重载实现的。静态多态性的内容会在第 9 章中进行详细介绍。

动态多态性又称为运行时的多态性，是指在程序运行过程中确定同名操作的具体对象。在 C++ 中，动态多态性是通过继承和虚函数实现的。本章主要讲解动态多态性的内容。

8.2 虚函数

8.2.1 虚函数的作用

回顾第 7 章的例 7.14。它在基类 Point 中定义了 area 函数,在派生类 Circle 中又重新定义了 area 函数。在主函数中,将 Circle 对象的地址赋给基类的指针变量,通过基类的指针变量调用 area 时,只能访问从相应基类中继承来的成员,而不允许访问在派生类中增加的成员,故输出结果为 0。如果想通过指向基类对象的指针变量访问派生类的 area 函数,需要将 area 函数定义成虚函数。

以关键词 "virtual" 定义的成员函数称为虚函数。虚函数是动态绑定的基础,它能够提供一种更灵活的多态性机制。只要基类的成员函数的定义为虚函数,则不管该函数被公用继承多少次,在派生类中都保持着虚函数的特性。

虚函数在基类中被定义,在派生类中被重新定义,以此指明这个函数在派生类中的功能。也就是说,在基类中定义的虚函数为各个类提供接口,以实现动态多态性。

8.2.2 虚函数的应用

要将成员函数声明为虚函数,须在声明函数时,于函数类型前加上 "virtual"。

虚函数的声明格式为:

```
virtual 函数类型 函数名 ( 参数表 )
{
    函数体
}
```

【例 8.1】虚函数的应用实例。

相应代码如下:

```
#include<stdio.h>
#include<iostream>
using namespace std;
class Base
{
public:
    virtual void show()                 // 将 show 函数定义为虚函数
    {
        cout<<"Base::show()"<<endl;
    }
};
class Derive:public Base
{
public:
```

```
        void show()                    // 在派生类中重新定义 show 函数
        {
            cout<<"Derive::show()"<<endl;
        }
};

int main()
{
    Base b;
    Derive d;
    Base*pBase=&b;                  // 指向基类对象的指针指向基类对象的地址
    pBase->show();
    pBase=&d;                       // 指向基类对象的指针指向派生类对象的地址
    pBase->show();
    return 0;
}
```

程序运行结果为：

```
Base::show()
Derive::show()
```

知识点拨： 在例 8.1 中，定义了基类 Base 及用派生类 Derive。为了简化程序，在两个类中只定义了一个成员函数 show。其中，在基类中将 show 定义为虚函数，其定义方式为："virtual void show()"。在主函数中，分别定义了两个类的对象，随后定义了指向基类对象的指针变量 pBase，使之指向基类的对象地址。通过 pBase 指针调用 show 函数，毫无疑问，会输出基类中 show 函数中的语句，即"Base::show()"，然后再将该指针指向派生类的对象地址，此时输出派生类中 show 函数中的语句，即"Derive::show()"。

在该例中，同一条"pBase->show();"语句实现了不同的操作，这正是因为在基类中将"show()"函数声明为虚函数。

虚函数的应用有以下规则。

（1）基类中的虚函数在派生类中仍为虚函数，并可以通过派生不断继承下去。

例如：以例 8.1 为例，若通过 Derive 类继续派生出 Derive_2 类，且该类中仍然有 show 函数，那么该函数仍然保持虚函数性质。

（2）虚函数的声明只能在类内实现,类外实现虚函数时无须再写关键词"virtual"。

例如在例 8.1 中，show 函数在基类 Base 中需要先进行声明：

```
virtual void show()
```

在类体外实现时，不需要加关键词"virtual"，即

```
void Base::show()
{...}
```

（3）虚函数仅允许为非静态成员函数，如果虚函数是友元函数、内联函数和静态成员函数，则不合法。

例如：不可以在虚函数前面加 static、friend、inline 等关键词。

（4）通过对象名访问虚函数无法实现动态多态性，只能通过指针或引用来操作虚函数实现多态性。

如重写例 8.1 的主函数：

```
int main()
{
    Base b;
    Derive d;
    d.show();
    d.Base::show();
    d.Derive::show();
    return 0;
}
```

程序运行结果为：

```
Derive::show()
Base::show()
Derive::show()
```

知识点拨： 由此可见，通过一个对象名访问时，只能静态聚束。即编译时所调用的函数是由编译器决定的，利用对象名调用虚函数和调用一般非虚函数是相同的，仅在通过指针访问虚函数的情况下，指向其实际派生类对象重新定义的函数，动态聚束才能实现。

8.3　纯虚函数与抽象基类

8.3.1　纯虚函数

在某些情况下，基类中不对虚函数给出有意义的实现，而是在派生类中再对其给出有意义的实现。这时，基类中的虚函数只是一个入口，具体的目的由不同的派生类中的对象决定。这个虚函数称为纯虚函数。

纯虚函数是一种没有函数体的特殊虚函数，其函数体用 "=0" 代替，本质上是将指向函数体的指针定为 "NULL"，表示此类将不定义该函数。含有纯虚函数的类属于抽象类，不能创建对象，但它可以为所有派生类提供公共端口。在派生类中对纯虚函数进行改写后方能创建对象。纯虚函数的作用是作为派生类中的成员函数的基础，实现动态多态性。

纯虚函数的声明格式为：

```
virtual 函数类型 函数名 ( 参数表 )=0;
```

如将例 7.14 中基类 Point 中的面积函数 area 定义为纯虚函数：

```
virtual float area()=0;
```

此处需要注意以下几点。

（1）在定义纯虚函数时，不能定义虚函数的实现部分。

（2）函数名等于 0，本质上是将指向函数体的指针值赋为初值 0。与定义空函数不一样，空函数的函数体为空，即调用该函数时，不执行任何动作。在没有重新定义纯虚函数之前，是不能调用这种函数的。

（3）我们把至少包含一个纯虚函数的类称为抽象类。这种类只能作为派生类的基类，不能用来说明这种类的对象。由于虚函数不存在实现部分，故不能产生对象，但是可以定义指向抽象类的指针，即指向此基类的指针。使用这种基类指针指向其派生类对象的时候，要确保在派生类中重载纯虚函数，否则程序会报错。

（4）在以抽象类作为基类的派生类中必须有纯虚函数的实现部分，即必须有重载纯虚函数的函数体。否则，这样的派生类是不能产生对象的。

综上所述，可以总结为：抽象类的唯一用途是为派生类提供基类；纯虚函数的作用是作为派生类中的成员函数的基础，实现动态多态性。

8.3.2 抽象基类

类内定义了纯虚函数的类称为抽象类（abstract base class），通常也称为抽象基类。

抽象类的特点是：不能创建对象，不能被实例化，但是可以定义指向抽象类数据的指针变量，即定义这种基类的指针。注意：用这种基类指针指向其派生类的对象时，必须在派生类中重载纯虚函数。另外，在以抽象类作为基类的派生类中必须有重载纯虚函数的函数体用于产生对象。

【例 8.2】抽象类的应用实例。

相应代码如下：

```cpp
#include <iostream>
using namespace  std;

class Shape              // 抽象基类
```

```cpp
{
public:
    virtual float calArea()=0;              // 纯虚函数
};

class Circle:public Shape                   // 圆类
{
private:
    int xValue;
    int yValue;
    int radius;
public:
    Circle(int x, int y, int r):xValue(x),yValue(y),radius(r){}
    float calArea()
    {
        return 3.14*radius*radius;
    }
};

class Square:public Shape                   // 正方形类
{
private:
    int width;
public:
    Square(int w):width(w){}
    float calArea()
    {
        return width*width;
    }
};

class Rectangle:public Shape                // 矩形类
{
private:
    int width;
    int height;
public:
    Rectangle(int w, int h):width(w),height(h){}
    float calArea()
    {
        return width*height;
    }
};

int main()
{
    Circle c(0,0,1);
```

```
        Square s(1);
        Rectangle r(1,2);
        float areaC, areaS, areaR;
        Shape *pt=&c;
        areaC=pt->calArea();
        pt=&r;
        areaR=pt->calArea();
        pt=&s;
        areaS=pt->calArea();
        float areaSum=areaC+areaR+areaS;
        cout<<"Sum area is="<<areaSum<<endl;
        return 0;
    }
```

程序运行结果为:

```
Sum area is=6.14
```

知识点拨：

（1）在例 8.2 中，定义了包含纯虚函数 calArea 的抽象类 Shape，因为对于形状而言，只有具体告知特定形状时，计算形状的面积才有意义。由抽象基类通过公用派生方式派生出 3 个公用派生类，分别是圆（Circle）、正方形（Square）和长方形（Rectangle）。在派生类中分别对 calArea 进行了重新定义。

（2）在主函数中，分别定义了 3 个派生类的对象，并进行了初始化，随后定义了指向抽象基类对象的指针变量 pt，分别指向 3 个派生类的对象。通过指针调用 3 个派生类的 calArea 函数，得到 3 个面积，将 3 个面积相加并输出。

（3）在主函数中，如果定义 Shape 的对象 s 是不允许的。这时会显示输出错误："error C2259:'Shape':cannot instantiate abstract class"，即抽象基类是不允许定义对象的。

（4）主函数可以进一步修改精简，可以定义指向基类的指针数组，通过指针数组成员访问派生类的对象。例如：

```
int main()
{
    Circle c(0,0,1);
    Square s(1);
    Rectangle r(1,2);
    Shape *pt[3]={&c,&s,&r};            // 指针数组
    float sum=0;
    for (int i=0; i<3; i++)
    {
        sum +=pt[i]->calArea();
    }
    cout<<"Sum area is="<<sum<<endl;
```

```
    return 0;
}
```

8.4　虚析构函数

如前文所述，析构函数的作用是在对象撤销之前做合理的清除工作。当派生类的对象从内存中撤销时一般先调用派生类的析构函数，然后再调用基类的析构函数。但如果用 new 运算符建立了临时对象，且基类中有析构函数，并且定义了一个指向该基类的指针变量，那么，在程序用带指针参数的 delete 运算符撤销对象时，会发生一个情况：系统会只执行基类的析构函数，而不执行派生类的析构函数。

【例 8.3】派生类的析构函数应用实例。

相应代码如下：

```
#include <iostream>
using namespace std;
class Point
{
public:
    Point( ){ }
    ~Point()
    {
        cout<<"Executing Point destructor"<<endl;
    }
};

class Circle:public Point
{
public:
    Circle( ){ }
    ~Circle( )
    {
        cout<<"Executing Circle destructor"<<endl;
    }
private:
    int radius;
};

int main( )
{
    Point *p=new Circle;        // 动态存储空间
    delete p;                   // 释放动态存储空间
    return 0;
}
```

程序运行结果为：

```
Executing Point destructor
```

知识点拨：

（1）在例 8.3 的主函数中，动态创建了一个 Circle 的内存空间，并将该内存空间的地址赋给指向 Point 类对象的指针变量 p。在用 delete 释放掉指针变量 p 时，系统并没有调用派生类的析构函数，而仅调用了基类的析构函数。

（2）若要执行派生类 Circle 的析构函数，可以将基类的析构函数声明为虚析构函数，例如：

```
virtual~Point()
{
    cout<<"executing Point destructor"<<endl;
}
```

程序其他部分不改动，再运行程序，结果为：

```
executing Circle destructor
executing Point destructor
```

【例 8.4】虚析构函数的应用实例。

相应代码如下：

```
#include<stdio.h>
#include<iostream>
using namespace std;
class Base
{
public:
    Base()
    {
        cout<<" 调用基类构造函数 "<<endl;
    }
    virtual ~Base()                    // 虚析构函数
    {
        cout<<" 调用基类虚析构函数 "<<endl;
    }
};

class Derive:public Base
{
public:
    Derive()
    {
        cout<<" 调用派生类构造函数 "<<endl;
    }
    ~Derive()
    {
```

```
            cout<<" 调用派生类虚析构函数 "<<endl;
    }
};

int main()
{
    Base* pt=new Derive;
    delete pt;
    return 0;
}
```

程序运行结果为：

```
调用基类构造函数
调用派生类构造函数
调用派生类虚析构函数
调用基类虚析构函数
```

注意： 当基类的虚析构函数声明为虚函数时，该基类派生所得的全部派生类析构函数都将默认为虚函数，尽管派生类的析构函数和基类的析构函数名称存在差异。当基类的析构函数为虚函数时，指针不管指向同一类族中哪一类对象，系统都会采用动态关联，调用相应的析构函数，清理该对象。

本章习题

1. 试分析以下程序运行结果。

```
#include<iostream>
#include<string>
using namespace std;
class Mom
{
public:
    virtual void who()
    {
        cout<<" 妈妈 "<< endl;
    }
};

class Son:public Mom
{
public:
    void who()
    {
        cout<<" 男孩 "<< endl;
    }
```

```
};

class Daughter: public Mom
{
public:
void who()
    {
        cout<<" 女孩 "<< endl;
    }
};

void main()
{
Mom * p,f;
Daughter d;
Son s;
p=&f;
p-> who();
p=&d;
p-> who();
p=&s;
p-> who();
}
```

2. 建立抽象类 Student，派生出 Boy 和 Girl。通过定义虚函数，分别实现男生和女生的体育项目评分标准。

男生评分标准：1000 米长跑时长不超过 4 分 30 秒，一分钟引体向上大于 10 个。

女生评分标准：800 米长跑时长不超过 4 分 40 秒，一分钟仰卧起坐多于 24 个。

3. 建立抽象类 Shape，派生出具体类正方形 Square 和具体类圆形 Circle，并定义虚函数实现两种形状的周长的计算。

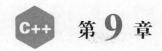

第9章

运算符重载

9.1　运算符重载的含义

加法（＋）、减法（－）、乘法（＊）、除法（／）等运算符为 C++ 内置的基本类型。这些运算符让表达式更简便、明了，例如：

```
int x=2, y=6, z;
z=x*(y+3);
```

C++ 中预定义的运算符，如"＋""－""＝"">>"等，其操作对象只能是基本数据类型。在表达式中看到"＊""＋"时，C++ 对给定数据进行相乘、相加的运算，然后得出结果。当然，通过使用成员函数"multiply()""add()"，类也能进行这样的操作，但语法就复杂多了。

那么，是不是可以通过对已有的运算符赋予新的含义，化繁为简，利用运算符来操作对象呢？

这就引出了运算符重载的含义。在 C++ 中，所谓重载，就是赋予标识符新的含义，即"一物多用"，而运算符重载就是给运算符赋予新的意义。

通过 C 语言的学习，我们知道运算符加号（＋）可以作用于 C++ 的基本数据类型中，如 int、float、char 等。而例 9.1 说明，"＋"类型同样可以作用于类的类型。

【例 9.1】用重载运算符"＋"完成字符串的加法。

相应代码如下：

```
#include <string>
#include <iostream>
using namespace std;
int main ()
{
    string s1="Hello";
    string s2=" Kitty";
    string s3;
    s3=s1+s2;                   //字符串连接
```

```
        cout<<s3<<endl;
    }
```

程序运行结果为:

Hello Kitty

知识点拨: 通过例 9.1 可以看出,"+"除了可以应用于基本数据类型之外,还可以应用于 string 类型。string 是 C++ 内部定义好的类,可以非常方便地处理字符串,但如果 string 类不是 C++ 内部定义好的类,则不能直接使用"+"运算符。不过,我们可以通过设置专门用于加法的函数来解决这个问题。

【例 9.2】创建一个复数类对象,并实现两个复数的加法操作。

相应代码如下:

```
#include <iostream>
using namespace std;
class Complex
{
private:
    int real;
    int image;
public:
    Complex(int r=0, int i=0)
    {
        real=r;
        image=i;
    }
    void showComplex()
    {
        if (image>0)
        {
            cout<<real<<"+"<<image<<"i"<<endl;
        }
        if (image<0)
        {
            cout<<real<<"-"<<abs(image)<<"i"<<endl;
        }
        if (image==0)
        {
            cout<<0<<endl;
        }
    }
    Complex& add2Complex(Complex& c1)
    {
        Complex c;
        c.real=real+c1.real;
        c.image=image+c1.image;
        return c;
    }
};

int main()
```

```
{
    Complex c1(1,2),c2(3,−4);
    c1.showComplex();
    c2.showComplex();
    Complex c3=c1.add2Complex(c2);
    c3.showComplex();
    return 0;
}
```

程序运行结果为：

```
1+2i
3−4i
4−2i
```

知识点拨：

（1）在例 9.2 中，先定义了一个复数类 Complex，在类中定义了带有默认参数的构造函数，方便后续定义复数类的对象；然后定义了显示复数的函数 showComplex，该函数的定义需要设计。考虑到复数的一般表示方法是"a+bi"的形式，如"2+2i"。但是，如果复数的虚部是负数，就不能再采用此种表示方法，应该采用"a−bi"的形式，如"2−4i"。因此，需要在 showComplex 函数中对复数虚部进行判断。

（2）复数的运算法则为实部与实部相加减，虚部与虚部相加减。例如："2+2i"和"2−4i"相加，结果为"4−2i"。在设计函数时，如果把该函数设置成类的成员函数，则类本身就有一个 this 指针指向当前对象。因此，该函数只需要运算 Complex 对象即可。此外，该函数的返回值是 Complex 对象。

函数定义如下：

```
Complex& add2Complex(Complex& c1)
{
    Complex c;
    c.real=this−>real+c1.real;
    c.image=this−>image+c1.image;
    return c;
}
```

在函数体中，先定义两个复数类对象 c1 和 c2，然后用 c1 调用该函数，将 c2 作为实参，即"c1.add2Complex(c2)"。由于 this 指针指向了 c1 的地址，因此，得到的结果就是两个复数的相加。

（3）除此之外，还可以考虑将"add2Complex"作为类的友元函数。此时，函数的形式为：

```
friend Complex add2Complex(Complex& c1, Complex& c2)
{
    Complex c;
    c.real=c1.real+c2.real;
```

```
        c.image=c1.image+c2.image;
        return c;
}
```

此时，在主函数中调用该函数的语句应改为：

```
int main()
{
        Complex c1(1,2),c2(3,-4);
        Complex c3=add2Complex(c1,c2);
        c3.showComplex();
        return 0;
}
```

此时，友元函数是普通的函数，调用时不需要通过对象。但是，在该函数体中可以访问类的私有成员。

（4）虽然上述程序得到了正确的结果，但调用方式烦琐且不直观。对此，已体现了引入运算符重载的必要性，它可以使此类运算更为简单、直观，直接用"+"实现复数的加法运算。

下面，我们一起学习运算符重载的规则。

9.2　运算符重载的规则

运算符实际上是一个函数，因此，运算符重载的实质就是函数重载。运算符重载需要遵循一定的规则，具体如下。

（1）不允许用户自定义新的运算符，只能重载 C++ 中已经存在的运算符，且有 6 类运算符不能重载（见表 9-1）。

表9-1　可重载和不可重载的运算符

类别		运算符
可重载的运算符	算术运算符	+、-、*、/、%、++、--
	比较运算符	<、>、<=、>=、==、!=
	赋值运算符	=、+=、-=、*=、/=、%=、&=、|=、^=、<<=、>>=
	其他运算符	[]、()、->、逗号、new、delete、new[]、delete[]、->*

类别		运算符
不可重载的运算符	类属关系运算符	.
	成员指针运算符	.*
	作用域运算符	::
	条件运算符	?:
	编译预处理符号	#
	长度运算符	sizeof( )

（2）重载运算符时，运算符的运算顺序和优先级不变，操作数、结合性不变。

例如：双目运算符"＞"和"＜"，重载后仍为双目运算符，需要两个参数。"*"和"/"的优先级大于"+"和"−"，如果想改变重载运算符的运算顺序，可以通过加"()"的方式改变。赋值运算符"="是右结合性，重载后仍为右结合性。

（3）重载运算符的函数不允许存在默认参数，否则就改变了运算符参数的个数，与第（2）点矛盾。

（4）重载后的操作符必须保证至少有一个操作数是用户定义的类型。

（5）不能违反操作符的句法规则，比如用"+"计算两个对象的和。重载后，操作符的意义要尽可能和传统的意义相符。

9.3　运算符重载的方法

运算符重载的方法是定义一个重载运算符的函数，在需要执行被重载的运算符时，系统会自动调用该函数，以实现相应的运算。

换言之，运算符重载是通过定义函数实现的。编译程序对运算符重载的选择，遵循函数重载的选择原则。当遇到模糊运算时，编译程序会去寻找与参数相匹配的运算符函数。

9.3.1　运算符重载函数作为类的成员函数

如果将运算符重载函数作为类的成员函数，则它可以自由访问本类的数据成员，使用时，总是通过该类的某个对象来访问重载运算符。

运算符重载函数作为类的成员函数的一般格式为:

```
函数返回值类型  operator  运算符名称 ( 形参表列 )
    { 对运算符的重载处理 }
```

其中,"operator"是关键字,与重载的运算符一起构成函数名。

例如:

```
Complex& operator+ (Complex& c1);
```

【例9.3】创建一个复数类,将加号(+)运算符重载为成员函数。

相应代码如下:

```cpp
#include <iostream>
using namespace std;
class Complex
{
private:
    int real;
    int image;
public:
    Complex(int r=0, int i=0)
    {
        real=r;
        image=i;
    }
    void showComplex()
    {
        if (image>0)
        {
            cout<<real<<"+"<<image<<"i"<<endl;
        }
        if (image<0)
        {
            cout<<real<<"-"<<abs(image)<<"i"<<endl;
        }
        if (image==0)
        {
            cout<<0<<endl;
        }
    }
    Complex& operator+(Complex& c1)
    {
        Complex c;
        c.real=real+c1.real;
        c.image=image+c1.image;
        return c;
    }
};

int main()
{
```

```
    Complex c1(1,2),c2(3,−4);
    c1.showComplex();
    c2.showComplex();
    Complex c3=c1+c2;
    c3.showComplex();
    return 0;
}
```

程序运行结果为：

```
1+2i
3−4i
4−2i
```

知识点拨： 例 9.3 和例 9.2 的不同之处在于以下几点。

（1）在例 9.3 中，用 "operator+" 函数取代了例 9.2 中的 "add2Complex" 函数，两者只是函数名称不同，函数体与函数返回值的类型没有差别。

（2）在 main 函数中，"Complex c3=c1+c2;" 取代了例 9.2 中的 "Complex c3=c1.add2Complex(c2);"。

将上面的运算符重载函数 "operator+" 进一步简化，可以减少临时变量 c 的定义：

```
Complex Complex::operator+(Complex& c2)
{
    return Complex(real+c2.real, imag+c2.imag);
}
```

说明：

（1）运算符被重载后，原有的功能会被保留下来，不会丢失或发生变化。

（2）在将运算符 "+" 重载为类的成员函数后，C++ 编译系统将表达式 "c1+c2" 解释为：

```
c1.operator+(c2)                    // 其中 c1 和 c2 是 Complex 类的对象
```

即以 c2 为实参调用 c1 的运算符重载函数 "operator+(Complex& c2)" 进行求值，得到两个复数之和。

（3）重载运算符 "+" 的成员函数还可以在类体内声明，在类体外实现。

类体内声明方式：

```
Complex& operator+(Complex& c1);
```

类体外实现方式：

```
Complex::Complex& operator+(Complex& c1)
{
    Complex c;
    c.real=real+c1.real;
    c.image=image+c1.image;
    return c;
```

    }

（4）通过运算符重载，C++ 已有的运算符作用范围进一步变大，能够在类对象中使用，这也意味着能在 C++ 中定义一种实用且方便的新数据类型。

运算符重载对 C++ 的意义重大，它使 C++ 的功能变得更加强大，具有良好的可扩充性和适应性，也使得 C++ 得到了更广泛的应用。

9.3.2 运算符重载函数作为类的友元函数

运算符重载函数除了可以作为类的成员函数外，还可以作为 Complex 类的友元函数。

重载运算符为友元函数时，必须加上"friend"关键字。

运算符重载为友元函数的语法格式为：

friend 返回类型 类名 ::operator 重载的运算符（参数表）{...}

【例 9.4】将运算符重载函数作为类的友元函数的应用实例。

相应代码如下：

```cpp
#include <iostream>
using namespace std;
class Complex
{
private:
    int real;
    int image;
public:
    Complex(int r=0, int i=0)
    {
        real=r;
        image=i;
    }
    void showComplex()
    {
        if (image>0)
        {
            cout<<real<<"+"<<image<<"i"<<endl;
        }
        if (image<0)
        {
            cout<<real<<"-"<<abs(image)<<"i"<<endl;
        }
        if (image==0)
        {
            cout<<0<<endl;
        }
    }
    friend Complex& operator+(Complex& c1, Complex& c2)
```

```
    {
        Complex c;
        c.real=c1.real+c2.real;
        c.image=c1.image+c2.image;
        return c;
    }
};

int main()
{
    Complex c1(1,2),c2(3,-4);
    c1.showComplex();
    c2.showComplex();
    Complex c3=c1+c2;
    c3.showComplex();
    return 0;
}
```

知识点拨：例 9.4 的运行结果与例 9.3 相同。与例 9.3 相比，例 9.4 只有一处改动，即将运算符函数放在了类外，而不是作为成员函数放在类内，并在 Complex 类中声明它为友元函数，同时将运算符函数改为两个参数。

将运算符"+"重载为非成员函数后，C++ 编译系统将程序中的表达式"c1+c2"解释为：

```
operator+(c1,c2)
```

即执行 c1+c2 相当于调用以下函数：

```
Complex operator + (Complex& c1,Complex& c2)
{return Complex(c1.real+c2.real, c1.imag+c2.imag);}
```

求出两个复数之和。

为什么把运算符函数作为友元函数呢？这是因为运算符函数要访问 Complex 类对象中的成员。如果运算符函数不是 Complex 类的友元函数，而是一个普通的函数，它是没有权利访问 Complex 类的私有成员的。现将分析过程梳理如下。

（1）若运算符函数作为普通函数：普通函数既非类的成员函数也非友元函数，故其不能直接访问类的私有成员，一般情况下不使用普通函数。

（2）若运算符函数作为类的成员函数：运算符重载函数作为类的成员函数时，可以通过 this 指针自由地访问本类的数据成员，因此可以少写一个函数的参数。在这种情况下，必须保证运算表达式的第 1 个参数（运算符左侧的操作数）为一个类对象，且要求其与运算符函数的返回值类型一样。只有这样才能通过类对象调用该类的成员函数，并且确保运算符重载函数的返回值和该对象是相同的类型，得到的结果是具有意义的。

在例 9.3 中，表达式"c1+c2"中第 1 个参数 c1 是 Complex 类的对象，运算符函数返回值的类型也是 Complex，这是正确的。

如果 c1 不是 Complex 类，它就无法通过隐式 this 指针访问 Complex 类的成员。如果函数返回值不是 Complex 类复数，那么这种运算是没有实际意义的。

如想将一个复数和一个整数相加，如"c1+i"，可以将运算符重载函数作为成员函数：

```
Complex Complex::operator+(int& i)
{return Complex(real+i,imag);}
```

注意： 在表达式中，重载运算符"+"的左侧应为 Complex 类的对象，如"c3=c2+i;"，不能写成下面这种：

```
c3=i+c2;                    // 运算符 "+" 的左侧不是类对象，编译出错
```

当要求重载运算符左侧操作数为整型时（如表达式"i+c2"，运算符左侧的操作数"i"是整数），这时是无法利用前面定义的重载运算符的，因为无法调用"i.operator+"函数。

（3）若运算符函数作为友元函数：如果运算符左侧的操作数属于 C++ 标准类型（如 int），或是一个其他类的对象，则运算符重载函数不能作为成员函数，只能作为非成员函数。如果函数需要访问类的私有成员，则必须声明为友元函数。

可以在 Complex 类中声明：

```
friend Complex operator+(int& i,Complex& c )
{return Complex(i+c.real,c.imag);}
```

将双目运算符重载为友元函数时，函数的形参表列中必须有两个参数，且不能省略。形参的顺序任意，不要求第 1 个参数必须为类对象。

在使用运算符的表达式中，要求运算符左侧的操作数与函数第 1 个参数对应，运算符右侧的操作数与函数的第 2 个参数对应。例如：

```
c3=i+c2;
c3=c2+i;
```

注意： 数学上的交换律在此不适用。此时若要适用交换律，则应再重载一次运算符"+"。例如：

```
Complex operator+ (Complex& c, int& i)
{return Complex(i+c.real,c.imag);}
```

在以上表达式中，"i+c2"与"c2+i"都是允许的，编译系统将会按照表达式的形式选择调用相匹配的运算符重载函数。在 C++ 中，要求将一些运算符，如赋值运算符（=）、下标运算符（[]）、函数调用运算符、成员运算符以及类型转换运算符等

定义为类的成员函数。有的运算符则不能定义为类的成员函数,如流插入运算符(<<)和流提取运算符(>>)。

由于友元的使用会破坏类的封装性,因此,从原则上说,要尽可能保证运算符函数为成员函数,故综合考虑,一般多将单目运算符和复合运算符重载为成员函数,将双目运算符重载为友元函数。

9.4　重载单目运算符

单目运算符只有 1 个操作数,如"!a""-b""&c""*p",还有最常用的"++i"和"--i"等。由于单目运算符只有 1 个操作数,因此运算符重载函数只有 1 个参数,如果运算符重载函数作为成员函数,那么,可以省略此参数。

重载单目运算符的语法格式为:

返回类型　类名 ::operator 前置单目运算符 ( ) {...}

或

返回类型　类名 ::operator 后置单目运算符 (int) {...}

其中,后置单目运算符中的参数 int 仅用来区分前置和后置,并无实际意义。调用时变量名是可有可无的。

下面,我们将以自增运算符(++)为例,介绍单目运算符重载为成员函数的方法。

【例 9.5】定义 Time 类,包含数据成员 minute(分)和 sec(秒),模拟秒表,每次走 1 秒,满 60 秒进 1 分钟。此时秒从 0 开始计算,要求输出分和秒的值。

相应代码如下:

```cpp
#include <iostream>
using namespace std;
class Time
{
public:
    Time(int m=0,int s=0):minute(m),sec(s) { }
    Time operator++();
    void showTime()
    {
        cout<<minute<<":"<<sec<<endl;
    }
private:
    int minute;
    int sec;
};
```

```
Time Time::operator ++()
{
    if(++sec>=60)
    {
        sec-=60;
        ++minute;
    }
    return *this;
}

int main()
{
    Time time1 (34,58);
    for(int i=0; i<4;i++)
    {
        ++time1;
        time1.showTime();
    }
    return 0;
}
```

程序输出结果为：

```
34: 59
35: 0
35: 1
35: 2
```

知识点拨： 在例 9.5 的程序中，对运算符"++"进行了重载，使它能用于 Time 类对象中。在"operator++()"函数体中，用到了 this 指针，因为调整完秒和分两个成员变量后，要将当前对象返回。在成员函数中，this 指向了当前对象的地址，所以"*this"即为当前对象。因此，该函数结束后返回"*this"。

"++"运算符和"--"运算符，其使用方式可以分为两种：前置自增运算符和后置自增运算符。前文介绍过二者作用不同，在重载时如何区别二者是一个重要的问题。

针对"++"和"--"的这一特点，C++ 约定：在自增/自减运算符重载函数中，增加一个 int 型形参，就是后置自增/自减运算符函数。

【例 9.6】在例 9.5 程序的基础上增加对后置自增运算符的重载。

相应代码如下：

```
#include <iostream>
using namespace std;
class Time
{
public:
    Time(int m=0,int s=0):minute(m),second(s) { }
    Time operator++();
```

```
        Time operator++(int);
        void showTime()
        {
             cout<<minute<<":"<<second<<endl;
        }
private:
    int minute;
    int second;
};
Time Time::operator++()
{
    if(++second>=60)
    {
        second-=60;
        ++minute;
    }
    return *this;
}
Time Time::operator++(int)            // 定义后置自增运算符（++）重载函数
{
    Time temp(*this);
    second++;
    if (second>=60)
    {
        second-=60;
        ++minute;
    }
    return temp;
}

int main()
{
    Time time1(34,59), time2;
    cout<<" time1: ";
    time1.showTime( );
    ++time1;
    cout<<"++time1: ";
    time1.showTime( );
    time2=time1++;                    // 将自加前的对象的值赋给 time2
    cout<<"time1++: ";
    time1.showTime( );
    cout<<" time2:";
    time2.showTime( );               // 输出 time2 对象的值
    return 0;
}
```

程序运行结果为：

```
time1: 34: 59
++time1: 35: 0
time1++: 35: 1
time2: 35: 0
```

知识点拨： 前置自增运算符（++）和后置自增运算符（++）二者的作用不同：前置自增运算符是先自加，返回的是修改后的对象本身；后置自增运算符返回的是自加前的对象，然后对象自加。

重载后置自增运算符时，新增加一个 int 型的参数，增加这个参数的目的是与前置自增运算符的重载函数区别开来，此外没有其他任何作用。编译系统在遇到重载后置自增运算符时，会自动调用此函数。

9.5 重载流插入运算符和重载流提取运算符

所有 C++ 编译系统都在类库中提供输入流 istream 类和输出流 ostream 类。cin 和 cout 分别是 istream 类与 ostream 类的对象。在类库提供的头文件中已经对这两个运算符进行了重载，使之作为流插入运算符和流提取运算符，输出和输入 C++ 标准类型的数据。因此，凡是用"cout<<"和"cin>>"对标准类型数据进行输入和输出的，都要用"#include <iostream>"把头文件包含到本程序文件中。用户必须在自己定义的类中对"<<"和">>"进行重载。

对"<<"和">>"进行重载的函数形式如下：

```
ostream& operator << (ostream&, 自定义类 &);
istream& operator >> (istream&, 自定义类 &);
```

即重载"<<"的函数的第 1 个参数和函数的类型都必须是 ostream& 类型，第 2 个参数是要进行输出操作的类。重载运算符">>"的函数的第 1 个参数和函数的类型都必须是 istream& 类型，第 2 个参数是要进行输入操作的类。因此，只能将重载"<<"和">>"的函数作为友元函数或普通函数，而不能将它们定义为成员函数。

9.5.1 重载流插入运算符

流插入运算符（<<）被看成是一个二元运算符，它的第 1 个运算对象是 C++ 标准的输出流类 ostream 的对象，第 2 个运算对象是某个要输出的对象。例如："x"是一个整型变量，表达式"cout<<x"的两个运算对象分别是"cout"和"x"。C++ 编译器会到整型类中找"<<"重载函数。如果用"<<"输出某个类的对象，这个类一定要重载"<<"运算符，以告诉 C++ 如何输出这个类的对象。"<<"运算符的执行结果是左边的输出流对象的引用，即对象"cout"。正因为"<<"运算的结果是左边的对象的引用，所以允许执行"cout<<x<<y"之类的操作。因为"<<"是左结合性的，

所以上述表达式先执行"cout<<x",执行的结果是对象"cout",然后执行"cout<<y"。

9.5.2 重载流提取运算符

与输出运算符类似,输入运算符(>>)也被看成是一个二元运算符。它的第 1 个运算对象是 C++ 标准库中的输入流类 istream 的对象,第 2 个运算对象是存放输入信息的对象。对于"cin>>x",两个运算对象分别是"cin"和"x",其运算结果是左边对象的引用。因此,">>"运算符也可以连用。如"cin>>x>>y>>z"。

因为输入流类的对象只能是">>"运算的首个运算对象,所以,C++ 规定输入运算符只能重载成全局函数。当重载">>"时,重载函数的第 1 个参数是一个输入流类的对象引用,返回的也是对同一个流的引用;第 2 个形式参数是对读入的对象的非常量引用,该形参必须是非常量的,因为输入运算符重载函数的目的是要将数据读入此对象。

【例 9.7】用友元函数重载流插入运算符(<<)和流提取运算符(>>)。

相应代码如下:

```cpp
#include <iostream>
using namespace std;
class Complex
{
public:
    Complex(int r=0, int i=0):real(r),image(i){}
    void showComplex()
    {
        if (image>0)
        {
            cout<<real<<"+"<<image<<"i"<<endl;
        }
        if (image<0)
        {
            cout<<real<<"−"<<abs(image)<<"i"<<endl;
        }
        if (image==0)
        {
            cout<<0<<endl;
        }
    }
    friend ostream& operator<<(ostream&, Complex&);
    friend istream& operator>>(istream&, Complex&);
private:
    int real;
    int image;
};
ostream& operator<<(ostream& output, Complex&c)
```

```
{
    cout<<" 所输入的复数为 :"<<endl;
    output<<"("<<c.real<<"+"<<c.image<<"i)"<<endl;
    return output;
}
istream& operator>> (istream& input, Complex&c)
{
    cout<<" 请分别输入实部和虚部 , 以 Enter 结束 "<<endl;
    input>>c.real>>c.image;
    return input;
}

int main ()
{
    Complex c1;
    cin >> c1;
    cout<<c1;
    return 0;
}
```

程序运行结果为：

```
请分别输入实部和虚部 , 以 Enter 结束
2 3
所输入的复数为 :
(2+3i )
```

知识点拨：

（1）例 9.7 中的程序重载了运算符"<<"，运算符重载函数中的形参 output 是 ostream 类对象的引用，形参名 output 是用户任意起的。

（2）在主函数的语句"cout<<c1"中，运算符"<<"的左边是"cout"，"cout" 是 ostream 类对象。"<<"的右边是"c1"，它是 Complex 类对象。

由于已将运算符"<<"的重载函数声明为 Complex 类的友元函数，故编译系统 把"cout<<c1"解释为"operator<<(cout,c1)"，即以"cout"和"c"作为实参，调 用下面的"operator<<"函数：

```
ostream& operator<<(ostream& output,Complex& c)
{
    cout<<" 所输入的复数为 :"<<endl;
    output<<"("<<c.real<<"+"<<c.imag<<"i)"<<endl;
    return output;
}
```

（3）调用函数时，形参 output 成为 cout 的引用，形参 cout 成为 c1 的引用。因此，调用函数的过程相当于执行：

```
cout<<"("<<c1.real<<"+"<<c1.imag<<"i)"<<endl;
return cout;
```

（4）若出现语句"cout<<c1<<c2;"时，先处理"cout<<c1"，即"(cout<<c1)<<c2;"，而执行"(cout<<c1)"，会得到具有全新内容的输出流对象"cout"，因此，"(cout<<c1)<<c2"相当于"cout(新值)<<c2"。运算符"<<"左侧是 ostream 类对象"cout"，右侧是 Complex 类对象"c2"，再次调用运算符"<<"重载函数，接着向输出流插入"c2"的数据。

C++ 之所以规定运算符"<<"重载函数的第 1 个参数和函数的类型都必须是 ostream 类型的引用，就是为了返回 cout 的当前值以便连续输出。

在实际应用中应注意区分什么情况下的"<<"是标准类型数据的流插入运算符，什么情况下的"<<"是重载的流插入运算符。

例如：

```
cout<<c3<<5<<endl;
```

有输出 c3 调用重载的流插入运算符，后面两个"<<"不是重载的流插入运算符，因为它的右侧不是 Complex 类对象，而是标准类型的数据，所以是用预定义的流插入运算符处理的。

（5）该程序在 Complex 类中定义了运算符"<<"重载函数为友元函数，所以重载的运算符只能在输出 Complex 类对象时才能使用，对其他类型的对象是无效的。如"cout<<time1;"会出现错误，因为 time1 是 Time 类对象，不能用于 Complex 类的重载运算符。

9.6 不同类型间数据的转换

9.6.1 标准类型间的数据转换

C++ 规定，当有不同类型的数据同时进行运算时，要先将它们转为同类型，然后再运算。对此，C++ 规定了转换的规则，并且写好了类型之间转换的程序。在计算表达式"3+'a'−4.3"时，系统会将"3"和"'a'"转换成 double 类型，然后执行 double 类型的运算。而对于表达式"r−3.4"，由于 C++ 没有规定有理数和 double 类型运算时是应该统一成 double 类型，还是统一成有理数类型，所以，系统会把两种类型都尝试一下。C++ 不知道有理数类型如何转成 double 类型，但可以尝试把 double 类型转成有理数类型。double 类型可以转换成 int 类型，而一个 int 值又可以构造一个有理数（因为有理数的构造函数可以只取一个整型值），但有理数类没有重载减法，无法执行两个数相减，所以，C++ 最终无法执行这个运算。如果 C++ 知道如何把一个有理数转换成实数，就可以执行这个运算了，因为实数可以相减。

C++ 还提供了显式类型转换，编程人员在编写程序时可以将一种指定的数据转换成另一种指定的类型，其形式为：

类型名 (数据)

例如：

int(90.5)

其作用是将 90.5 转换为整型数 90。

9.6.2　转换构造函数

转换构造函数的作用是将一个其他类型的数据转换成一个类的对象。转换构造函数是一种特殊的构造函数，它遵循构造函数的一般规则。

转换构造函数只有一个形参，例如：

Complex(double r) {real=r; imag=0;}

其作用是将 double 型的参数"r"转换成 Complex 类的对象，将"r"作为复数的实部，0 作为复数的虚部。用户可以根据实际情况定义转换构造函数，并在函数体中告诉编译系统如何进行转换。

在类体中，转换构造函数可以视需要而定。以上几种构造函数允许同时存在于同一个类中，它们是构造函数的重载。编译系统会根据建立对象时给出的实参的个数与类型选择形参和匹配的构造函数。

下面介绍转换构造函数将指定数据转换给类对象的步骤。

（1）先声明一个类。

（2）在此类中定义一个参数（类型为需要转换的类型）唯一的构造函数，转换方法在函数体中进行说明。

（3）在该类的作用域内完成类型转换，其形式为：

类名 (指定类型的数据)

如将一个学生类对象转换为教师类对象：

```
Teacher(Student& s)
{
    num=s.num;
    strcpy(name, s.name);
    sex=s.sex;
}
```

9.6.3　类型转换函数

使用转换构造函数可以将一个指定类型的数据转换为类的对象，但是反过来直接将一个类的对象转换为一个其他类型的数据，比如将一个 Complex 类的对象转换成 double 类型数据，是不被允许的。

针对此问题，C++ 提供了类型转换函数。如果已经声明了一个 Complex 类，可以在类中这样定义类型转换函数：

```
operator double() {return real;}
```

表示函数返回值是 double 型数据，其值是 Complex 类中的数据成员"real"的值。

特别提醒：其函数名是"operator double"，此处的规律与运算符重载时相同。

定义类型转换函数的一般格式为：

```
operator 类型名 ( )
{ 实现转换的语句 }
```

注意：

（1）在类型转换函数的前面不能指定函数类型，函数没有参数。其返回值的类型由函数名中指定的类型名来确定。

（2）由于转换主体是本类对象，所以类型转换函数仅能作为成员函数，无法当作友元函数或普通函数。

（3）转换构造函数和类型转换运算符有一个共同的功能，在特定的情况下，编译系统会自动调用这些函数，建立一个无名的临时对象（或临时变量）。

【例 9.8】类型转换函数应用实例。

相应代码如下：

```
#include <iostream>
using namespace std;
class Complex
{
public:
    Complex( ){real=0;imag=0;}
    Complex(int r,int i){real=r;imag=i;}
    operator int( ) {return real;}        //类型转换函数
private:
    int real;
    int imag;
};

int main( )
{
    Complex c1(3,4),c2(5,-10),c3;
    int d;
```

```
        d=2+c1;                          // 将一个 int 数据与 Complex 类数据相加
        cout<<d<<endl;
        return 0;
}
```

程序运行结果为：

```
5
```

知识点拨：

（1）如果在 Complex 类中没有定义类型转换函数 operator int，程序编译将出错。

（2）如果在 Complex 类中声明了重载运算符"+"函数为友元函数，如下：

```
Complex operator+ (Complex c1,Complex c2)
{return Complex(c1.real+c2.real, c1.imag+c2.imag);}
```

如果主函数中有类似"c3=c1+c2;"的语句，那么，由于已经对运算符"+"进行重载，两个 Complex 类对象也能够进行相加。因此，系统会将 c1 和 c2 按 Complex 类对象处理，相加后赋值给同类对象 c3。

如果 main 函数中有语句"d=c1+c2;"，其中 d 为 int 型变量，然后将 c1 与 c2 两个类对象相加，得到一个临时的 Complex 类对象。由于类型不同，无法直接将 Complex 类对象赋值给 int 型变量，于是调用 int 的重载函数，把临时类对象转换为 int 数据，然后赋给 d。

对类型和对运算符的重载，概念和方法都是大同小异的。因此，类型转换函数也可以称为类型转换运算符函数。由于它同时也是重载函数，因此也可以称为类型转换运算符重载函数（或强制类型转换运算符重载函数）。

假如程序中需要对一个 Complex 类对象和一个 int 型变量进行算术运算、关系运算或逻辑运算，如果不用类型转换函数，就要对多种运算符进行重载，以便能进行各种运算。但这样做会加大工作量，破坏程序的简捷性。

如果用类型转换函数对 int 进行重载（使 Complex 类对象转换为 int 型数据），就不必对各种运算符进行重载了，因为 Complex 类对象可以自动地转换为 int 型数据，也就可以使用系统提供的各种运算符对标准类型的数据进行运算了。

【例 9.9】包含转换构造函数、运算符重载函数和类型转换函数的程序实例。

相应代码如下：

```
#include <iostream>
using namespace std;
class Complex
{
public:
    Complex( ){real=0;image=0;}              // 默认构造函数
```

```
        Complex(int r){real=r;image=0;}              // 转换构造函数
        Complex(int r,int i){real=r;image=i;}        // 实现初始化的构造函数
        // 重载运算符 "+" 的友元函数
        friend Complex operator+(Complex c1,Complex c2);
        void showComplex( );
private:
        int real;
        int image;
};

Complex operator+ (Complex c1,Complex c2)       // 定义运算符 "+" 的重载函数
{
        return Complex(c1.real+c2.real, c1.image+c2.image);
}

void Complex::showComplex( )
{
        if (image>0)
        {
                cout<<real<<"+"<<image<<"i"<<endl;
        }
        if (image<0)
        {
                cout<<real<<"−"<<abs(image)<<"i"<<endl;
        }
        if (image==0)
        {
                cout<<0<<endl;
        }
}
int main( )
{
        Complex c1(3,4),c2(5,−10),c3;
        c3=c1+2;                                // 复数与 int 数据相加
        c3.showComplex( );
        return 0;
}
```

程序运行结果为：

5+4i

知识点拨：

（1）如果没有定义转换构造函数，则例 9.9 中的程序编译出错。

（2）在类 Complex 中定义了转换构造函数，并具体规定复数的构成规则。由于已重载了运算符 "+"，因此，在处理表达式 "c1+2" 时，编译系统把它解释为 "operator+(c1,2)"。

由于 2 不是 Complex 类对象，系统先调用转换构造函数 "Complex(2)"，建立一个临时的 Complex 类对象，其值为 "(2+0i)"。上面的函数调用相当于

"operator+(c1,Complex(2))"，将 c1 与"(2+0i)"相加，赋给 c3，运行结果为"(5+4i)"。

（3）如果把"c3=c1+2;"改为"c3=2+c1;"，程序可以通过编译，正常运行。过程与前述相同。

从中可以得到一个重要结论：当相应的转换构造函数被定义后，运算符"+"函数重载为友元函数，在进行两个复数相加时，可以用交换律。

如果运算符函数重载为成员函数，它的第 1 个参数必须是本类的对象。当第 1 个操作数不是类对象时，不能将运算符函数重载为成员函数。如果将运算符"+"函数重载为类的成员函数，交换律不适用。

出于这个原因，一般情况下多将双目运算符函数重载为友元函数，将单目运算符函数重载为成员函数。

（4）如果一定要将运算符函数重载为成员函数，而第 1 个操作数又不是类对象时，只能再重载一个运算符"+"函数来解决问题，且其第 1 个参数为 int 型。当然，此函数只能是友元函数，函数原型为：

```
friend operator+(int,Complex&);
```

通过对比可以看出，将双目运算符函数重载为友元函数更加便利。

（5）在上面程序的基础上增加类型转换函数：operator int( ){return real;}

此时，Complex 类的公用部分为：

```
public:
    Complex( ){real=0;imag=0;}
    Complex(int r){real=r;imag=0;}              // 转换构造函数
    Complex(int r,inti){real=r;imag=i;}
    operator int( ){return real;}               // 类型转换函数
    // 重载运算符 "+" 的友元函数
    friend Complex operator+(Complex c1,Complex c2);
    void display( );
```

其余部分不变。

本章习题

1. 为什么要进行运算符重载？

2. 建立一个日期类，具有数据成员年、月、日，重载前置以及后置的"++"运算。

3. 建立一个复数类，重载复数间的加、减、乘、除运算。

4. 建立一个时间类，具有数据成员时、分、秒，重载时间与一个整数的加法，然后返回该时间，延后相应的整数秒的时间。

第 **10** 章

C++ 的输入 / 输出

输入 / 输出（input/output，I/O），指的是在计算机上输入 / 输出数据的操作系统、程序或设备。本章之前所用到的输入和输出，是把硬件设备作为对象，例如：使用 cin 和 cout 命令来实现从键盘输入数据，把数据输出到窗口显示。这种输入 / 输出的方式叫作标准的输入 / 输出，用到的 cin 和 cout 命令叫作输入 / 输出流对象。但在实际的程序开发中，程序开发者大多以电脑上的文件为对象，读取文件中的数据进行处理，并将数据结果输出到文件中，这种输入 / 输出方式叫作文件的输入 / 输出，即对数据文件进行操作。

C++ 的输入 / 输出流有整套体系，如图 10-1 所示，由抽象基类 ios 派生出包含输入流的基类 istream 和包含输出流的基类 ostream，然后由 istream 和 ostream 多重继承出 iostream 类，等等。

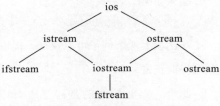

图 10-1 输入/输出流的整套体系示意

接下来学习的标准输入 / 输出流 cin、cout 和其他输出流 cerr、clog 都是 iostream 类的对象，其中 cin 属于 istream，cout、cerr、clog 属于 ostream。

10.1 标准输入流

标准输入流是从标准硬件设备（键盘）流向内存的数据。

10.1.1 cin 流

cin 流又被称为标准输入流，是 istream 类的对象。它的作用是从硬件设备（键盘）输入一个数据，并通过重载流提取运算符（>>）赋值给一个变量，如 "cin>>name;"。这个过程类似于运输一件快递的过程：键盘是快递的发出者，cin 流是快递的载体，提取运算符（>>）为快递员，最终变量 name 为快递的收取者。

只有当键盘输入数据并按下回车键时，数据才被发出。一次可以输出多个数据，但两个数据间要用空格、Tab 键或者 "E" 等字符隔开。流提取运算符（>>）在提取数据时遇到空格符即表示一个数据提取完成。此过程提取出来的数据跟变量必须是匹配的，否则就会出现错误，提取操作终止，输出 0 值。

例如：

```
int num1,num2;
cin>>num1>>num2;
cout<<num1<<" "<<num2<<endl;
```

如果从键盘输入：

```
123 abc
```

那么输出结果为：

```
123 -858993460
```

如果从键盘输入：

```
abc 123
```

那么输出结果为：

```
-858993460 -858993460
```

对比以上两个例子可以发现，提取过程是从错误出现时停止的，错误出现之前的数据提取正常。

此外，需要注意的是：使用 cin 输入流对象时，系统会等待用户输入，此时在 Immediate 窗口（即时窗口）中，光标会闪动。这时，用户可能会不清楚要做什么，或者输入什么数据。因此，一般要在使用 cin 输入时给出提示。具体参见例 10.1。

【例 10.1】cin 的基本应用。

相应代码如下：

```
#include<iostream>
using namespace std;
int main()
{
    int num1,num2;
    cout<<" 请输入两个整数 :"<<endl;
    cin>>num1>>num2;
    cout<<" 输入的数据为 :"<<endl;
    cout<<num1<<" "<<num2<<endl;
    return 0;
}
```

程序运行结果为：

```
请输入两个整数 :
12 34            （键盘输入）
```

输入的数据为：

```
12 34
```

10.1.2　istream 成员函数

前文提到流提取运算符（>>）在提取数据时，遇到空格符即表示一个数据提取完成。所以，用键盘错误地输入有空格的字符串时，就得不到我们预想的结果。

例如：

```
char ch[20];
cin>>ch;
cout<<ch<<endl;
```

当输入为：

```
I am a student!
```

这时输出为：

```
I
```

当读取到第 1 个空格时，读取过程就提前结束了，所以想要输入带空格的字符串，就不能用这种方式了。为解决这个问题，就得用到 istream 类中定义的一些成员函数。

1. 字符读入函数 get

get 成员函数可以读取单个字符，包括任何空格字符。它的调用方式有 3 种："cin.get()"、"cin.get(ch)" 和 "cin.get(字符数组 , 字符个数 n, 中止字符)"。

（1）"cin.get()" 的调用方式。这种调用方式需要一个返回值为其赋值一个变量，如"ch=cin.get();"。如果返回值为 EOF(EOF 是 end of file 的缩写，表示文字流的结尾)。

【例 10.2 】"cin.get()" 的应用实例。

相应代码如下：

```
#include<iostream>
using namespace std;
int main()
{
    char ch;
    cout<<"Please input a sentence!" <<endl;
    while((ch=cin.get())!=EOF)
    {
        cout<<ch;
    }
    return 0;
}
```

程序运行结果为：

```
Please input a sentence!
```

I am a student!	（键盘输入该句）
I am a student!	（屏幕输出该句）

知识点拨： 使用键盘输入"I am a student!"，"ch=cin.get()"语句会逐个把字符赋给变量 ch。如果读入的 ch 值有效，会逐个输出字符。

（2）"cin.get(ch)"的调用方式。"ch.get(ch)"与"ch=cin.get()"的功能类似但仍有差异，在使用时如果成功读取字符，则将其赋给 ch 并返回一个非 0 值；如果读取失败，则返回一个 0 值。

（3）使用"<ctrl + z>"组合键结束命令，否则程序会一直运行。

【例 10.3】"cin.get(ch)"的应用实例。

相应代码如下：

```cpp
#include<iostream>
using namespace std;
int main()
{
    char ch;
    cout<<"Please input a sentence!" <<endl;
    while((cin.get(ch))!=NULL)
    {
        cout<<ch;
    }
    return 0;
}
```

（4）"cin.get(字符数组 , 字符个数 n, 中止字符)"的调用方式。用这种方式调用 get 成员函数时，会逐个读取"n-1"个字符，如果遇到中止字符"'\n'"，读取会提前中止。如果成功读取字符串，则将其赋给 ch 并返回一个非 0 值；如果读取失败，则返回一个 0 值。

【例 10.4】"cin.get(字符数组 , 字符个数 n, 中止字符)"的应用实例。

相应代码如下：

```cpp
#include<iostream>
using namespace std;
int main()
{
    char ch[20];
    cout<<"Please input a sentence!" <<endl;
    cin.get(ch,20,'\n');
    cout<<ch<<endl;
    cin.get(ch,20,'d');
    cout<<ch<<endl;
    return 0;
}
```

程序运行结果为：

```
Please input a sentence!
I am a university student!        （键盘输入该句）
I am a university s                （屏幕输出 19 个字符）
tu                                （屏幕输出 d 之前的字符）
```

知识点拨： 使用键盘输入"I am a university student!"，由于前 19 个字符没有"'d'"字符，所以第 1 个 cout 输出的是前 19 个字符，第 2 个 cout 输出到 d 前面的字符。

思考：为什么函数的第 2 个参数是 20，却只输出 19 个字符呢？

因为函数存储类型是字符串，其末尾存在字符"\0"，因此，实际存到数组中的为 19 个字符。

2. 字符串读入函数 getline

函数 getline 的作用跟 get 的作用类似，调用方式为"getline(cin,ch)"，可以把键盘输入的字符串赋给字符数组 ch。

【例 10.5】 getline 的应用实例。

相应代码如下：

```cpp
#include <iostream>
#include <string>
using namespace std;
int main()
{
    string name;
    cout << "Please input your name: "<<endl;
    getline(cin, name);
    cout << "Hello," << name << endl;
    return 0;
}
```

程序运行结果为：

```
Please input your name:
My Friend
Hello, My Friend
```

知识点拨： 由例 10.5 运行结果可知，可以将有空格符的字符串赋给字符串变量 ch。

3. eof 函数

eof 函数可以帮助程序员判断文件是否为空，或者判断是否读到文件结尾。它在对文件文本的操作上用处很大，使用方法将在第 10 章的第 10.3 节文件流与文件操作中讲解。

4. ignore 函数

ignore 函数有删除缓冲区数据的作用，其调用方式为"cin.ignore(int,char)"。其中 int 是整型参数，表示忽略的最大数值；char 是字符参数，表示遇到一个字符值等于随参字符时，ignore 就停止。

【例 10.6】ignore 函数的应用实例。

相应代码如下：

```cpp
#include <iostream>
using namespace std;
int main()
{
    char ch[20];
    cout<<"Please input a sentence!" <<endl;
    cin.get(ch,20,'\n');
    cout<<ch<<endl;
    cin.ignore(20,'\n');
    cout<<"Please input a sentence!" <<endl;
    cin.get(ch,20,'d');
    cout<<ch<<endl;
    return 0;
}
```

程序运行结果为：

```
Please input a sentence!
I am a university student!
I am a university s
Please input a sentence!
I am a student!
I am a stu
```

知识点拨： 例 10.6 的程序是例 10.4 的进化版，当键盘第一次输入"I am a university student!"时，例 10.4 跟本例中的输出是一样的。但例 10.4 不等我们第二次键盘输入，就把第一次剩下的"tudent!"自动输入了，这样就得不到我们预想的结果了。如果要解决这个问题，在例 10.4 中第 9 行插入"cin.ignore(20,'\n');"就可以把"tudent!"忽略掉，然后在键盘上输入一个新的句子。

5. 其他成员函数

除以上几种外，还有一些对 cin 对象操作的函数。

（1）输入数据类型判断成员函数 1：good。

其默认值为 1。如果输入的值与定义的变量类型不同，则输出"cin.good()"为 0。

（2）输入数据类型判断成员函数 2：fail。

其默认值为 0。如果输入的值与定义的变量类型不同，则输出"cin.fail()"为 1。

（3）清空 cin 里面的数据流成员函数：clear。

输入的字符会改变 cin 的状态，所以需要 clear 清除错误状态。

【例 10.7】cin 中 fail、clear 的应用实例。

相应代码如下：

```cpp
#include<iostream>
using namespace std;
int main()
{
    int a;
    cout<<" 输入一个字母 :"<<endl;
    cin>>a;
    cout<<"cin.fail()="<<cin.fail()<<endl;
    cout<<" 输入一个数字 :"<<endl;
    cin>>a;
    cout<<a<<endl;
    cin.clear();
    cout<<"cin.fail()="<<cin.fail()<<endl;
    cout<<" 输入一个数字 :"<<endl;
    cin>>a;
    cout<<a<<endl;
    cout<<"cin.fail()="<<cin.fail()<<endl;
    cin.clear();
    cin.ignore();
    cout<<" 输入一个数字 :"<<endl;
    cin>>a;
    cout<<"a="<<a<<endl;
    cout<<"cin.fail()="<<cin.fail()<<endl;
    return 0;
}
```

程序输出结果为：

```
输入一个字母 :
a
cin.fail()=1
输入一个数字 :
−858993460
cin.fail()=0
输入一个数字 :
−858993460
cin.fail()=0
输入一个数字 :
4
a=4
cin.fail()=0
```

知识点拨：例 10.7 中的程序先定义了一个 int 型变量 a，然后用键盘输入一个 char 型字母 a，此时 int 型变量中存储了 char 型数据，产生了错误，fail 的结果是

true，代表出错。由于 failbit 值为 1，输入流不能正常工作，这种情况下，利用键盘进行输入操作是无效行为，因为 "cin.fail" 是 true（第 3 行），程序输出不确定值（第 5 行）。

程序用 "cin.clear()" 函数进行流标志复位（第 8 行），使得 "cin.fail" 恢复正常，输出 failbit 为 0，即 fail 的结果是 false，说明没有错误（第 9 行）。程序在第 10 行继续输入 a，由于前面的操作仅仅是清除了 fail 的错误，但没有从流清除输入的 char 字符，char 类型数据依旧在缓冲区内，所以，当再次进行 "cin>>a" 操作时，又将 char 字符放入了变量 a 中。类型不符导致输入流无法正常工作，"cin.fail" 再次输出 1，输入还是失败。因此，a 仍然为不确定值（第 12 行），由于前面缓冲区的错误，第 13 行的 fail 输出为 1。

接下来，用 clear 方法再次修复输入流（第 14 行），并用 ignore 方法取走刚才流中的字符（第 15 行），也就是将缓冲区的 char 字符清除，再次接收输入字符。这次输入 int 型的数字（第 17 行），类型和变量符合，正常输出（第 18 行），输出 fail 为 0（第 19 行）。

10.2　标准输出流

标准输出流是从程序流向标准硬件设备（显示器）的数据。

10.2.1　标准输出流对象 cout

cout 是定义在 iostream 的类的对象，可以看作向显示器传输数据的载体，调用时需要用插入运算符（<<），将数据放到 cout 中。cout 比 C 语言中的 printf 使用方便，在调用时系统会自动判断插入数据的类型，避免了 C 语言需要判断数据类型的麻烦。

cout 在本章之前用得比较多，使用也非常简单，本章主要介绍 cerr 和 clog 两个输出流。

10.2.2　cerr 和 clog 流对象

1. cerr 流对象

cerr 流对象又叫作标准错误流。在默认情况下，cerr 和 cout 的用法与作用是一样的，即向显示屏传输数据。但 cout 输出时要经过缓冲区，可以重新被定义，使其向硬盘文件输出数据，而 cerr 不经过缓冲区直接输出。

【**例 10.8**】输入分数后，判断等级并输出："[0,59]" 为 D 级，"[60,69]" 为 C 级，"[70,79]" 为 B 级，"[80,100]" 为 A 级。如果输入的数据类型不对或不在 "[0,100]" 范围内，则输出错误信息。

相应代码如下：

```cpp
#include<iostream>
using namespace std;
int main()
{
    float score,num;
    cout<<"please input number of people"<<endl;
    cin>>num;
    for(int i=0;i<num;i++)
    {
        cout<<"please input score:";
        cin>>score;
        if(!cin.good())                             // 判断数据是否符合定义类型
        {
            cerr<<"error:It is not type of float" <<endl;        // 输出错误信息
            cin.clear();
            cin.sync();                              // 清空流
            i--;
        }
        else
        {
            if(score<0||score>100)
            {
                cerr<<"error:It is not between 0 and 100!" <<endl; // 输出错误信息
                i--;
            }
            else if(score>=79)cout<<'A'<<endl;
            else if(score>=69)cout<<'B'<<endl;
            else if(score>=59)cout<<'C'<<endl;
            else cout<<'D'<<endl;
        }
    }
    return 0;
}
```

程序运行结果为：

```
please input number of people
3
please input score: abc
error:It is not type of float              （显示输入错误）
please input score:120
error:It is not between 0 and 100!    （显示输入错误）
please input score:100
A
please input score:76.2
```

```
B
please input score:50
D
```

知识点拨： 从例10.8可以看出，当输入字母或者输入的数字不在[0,100]范围内时，程序输出了错误信息。另外，此例程序中还用到"good()""clear()""sync()"，用于判断数据类型和清除错误数据流。

2. clog 流对象

clog 流对象的作用跟 cerr 的作用一样，即输出错误信息流，但不同的是 clog 在输出时经过缓冲区。假设遇到调用栈使用完，无法存放错误信息时，clog 就会在紧急情况下对输出功能进行支持。

10.2.3　ostream 成员函数

我们用 cout 对象是按默认格式输出的数据。在 C 语言中，"%.3f"表示输出 3 位浮点数，同样，在 C++ 中，cout 对象也可以用来控制数据格式，下面介绍两种方法。

1. 控制符

表 10-1 列出了输出流的控制符及其作用。

表10-1　输出流的控制符及其作用

控制符	作用
dec	设置整数十进制输出
hex	设置整数十六进制输出
oct	设置整数八进制输出
setfill(c)	用c字符补充空白处
setprecision(n)	设置实数有效数字n
setw(n)	设置字段宽度n位
setiosflags(ios::fixed)	设置以固定的小数位数显示
setiosflags(ios::scientific)	设置以科学记数法显示
setiosflags(ios::left)	左对齐
setiosflags(ios::right)	右对齐
setiosflags(ios::showpos)	输出正数时输出"+"号

需要注意的是：这些控制符都定义在头文件 iomanip 中，所以使用时要包含 iomanip 头文件。

【例 10.9】控制符的使用实例。

相应代码如下：

```cpp
#include<iostream>
#include<iomanip>
using namespace std;
int main()
{
    int n;
    cout<<" 请输入一个整数 "<<endl;
    cin>>n;
    cout<<" 八进制 :"<<oct<<n<<endl;
    cout<<" 十六进制 :"<<hex<<n<<endl;
    cout<<" 十进制 :"<<dec<<n<<endl;
    cout<<setfill('#')<<setw(5)<<n<<endl;
    float f;
    cout<<" 请输入一个浮点数 "<<endl;
    cin>>f;
    cout<<" 保留小数位后面位 :"<<setiosflags(ios::fixed)<<endl;
    cout<<"setprexision(0)"<<setprecision(0)<<f<<endl;
    cout<<"setprexision(3)"<<setprecision(3)<<f<<endl;
    cout<<" 右对齐 "<<endl;
    cout<<setiosflags(ios::right);
    cout<<setw(15)<<f<<endl;
    return 0;
}
```

程序运行结果为：

```
请输入一个整数
20
八进制 :24
十六进制 :14
十进制 :20
###20
请输入一个浮点数
12.35
保留小数位后面位 :
setprexision(0)12
setprexision(3)12.350
右对齐
#########12.350
```

2. 流成员函数

除了用控制符来控制输出格式外，也允许使用流成员函数来进行控制。常用的几个流成员函数如表 10-2 所示。

表10-2　控制输出格式的流成员函数

流成员函数	作用
precision(n)	设置实数的精度为n位
width(n)	设置字段宽度为n位
fill(c)	设置填充字符c
setf	设置输出格式状态
unsetf	中止已设置的输出格式状态

【**例 10.10**】流成员函数的应用实例。

相应代码如下：

```cpp
#include <iostream>
#include<string>
using namespace std;
int main( )
{
    int a=21;
    cout.setf(ios::showbase);           // 显示基数符号
    cout<<"dec:"<<a<<endl;              // 默认以十进制形式输出 a
    cout.unsetf(ios::dec);              // 终止十进制的格式设置
    cout.setf(ios::hex);                // 设置以十六进制输出的状态
    cout<<"hex:"<<a<<endl;              // 以十六进制形式输出 a
    cout.unsetf(ios::hex);              // 终止十六进制的格式设置
    cout.setf(ios::oct);                // 设置以八进制输出的状态
    cout<<"oct:"<<a<<endl;              // 以八进制形式输出 a
    cout.unsetf(ios::oct);              // 终止八进制的格式设置
    string ch="China";                  // pt 指向字符串 "China"
    cout.width(10);                     // 指定域宽为 10
    cout<<ch<<endl;                     // 输出字符串
    cout.width(10);                     // 指定域宽为 10
    cout.fill('*');                     // 指定空白处以 '*' 填充
    cout<<ch<<endl;                     // 输出字符串
    double pi=22.0/7.0;                 // 输出 pi 值
    cout.setf(ios::scientific);         // 指定用科学记数法输出
    cout<<"pi=";                        // 输出 "pi="
    cout.width(14);                     // 指定域宽为 14
    cout<<pi<<endl;                     // 输出 pi 值
    cout.unsetf(ios::scientific);       // 终止科学记数法状态
    cout.setf(ios::fixed);              // 指定用定点形式输出
    cout.width(12);                     // 指定域宽为 12
    cout.setf(ios::showpos);            // 正数输出 "+" 号
    cout.setf(ios::internal);           // 数符出现在左侧
    cout.precision(6);                  // 保留 6 位小数
```

```
        cout<<pi<<endl;                    // 输出 pi，注意数符 "+" 的位置
        return 0;
    }
```

程序运行结果为：

```
dec:21              （十进制形式）
hex:0x15            （十六进制形式，以 0x 开头）
oct:025             （八进制形式，以 0 开头）
China               （域宽为 10，空白处不填充）
*****China          （域宽为 10，空白处以 '*' 填充）
pi=*3.142857e+000   （指数形式输出，域宽 14，默认位小数）
+***3.142857        （小数形式输出，精度为 6 位小数，最左侧输出数符 "+"）
```

3. put 流成员函数

put 流成员函数作用为输出单个字符，其参数可以是一个字符，也可以是字符的 ASCII 码，如 "cout.put('a')" 和 "cout.put(97)"，输出结果都是字母 a。

10.3　文件流与文件操作

C++ 中，文件大致可以分为两类，一类是程序文件，如源程序文件（.c 或 .cpp）、目标文件（.obj）和执行文件（.exe）；另一类是存储数据文件，如数据文件（.dat）、文本文件（.txt）等。

10.3.1　文件流与文件流类

在编定程序对文件里的内容进行读取和写入时，就会用到文件流对象，就像 cin、cout 一样，文件流是以硬盘文件为对象进行输入 / 输出的。C++ 的 I/O 库里定义了文件流类，其中常用的有以下 3 个。

（1）ifstream 类：istream 的派生类，用来把文件里的数据输入程序。

（2）ofstream 类：ostream 的派生类，用来把数据输出到文件里。

（3）fstream 类：iostream 的派生类，用来对文件进行数据的输入 / 输出。

我们知道 cin、cout 是 iostream 类的类对象，这些类对象是在头文件里定义好的，可以直接调取使用，但文件类不一样，需要程序员自己定义一个文件流对象。比如想要提取文件的数据，就需要定义一个 ifstream 的类对象（ifstream infile;），这样 infile 就跟之前的 cin 一样，可以给程序输出数据了。

注意： 以上类的定义都是定义在 fstream 头文件里的，所以使用时应该包含 fstream 头文件。

10.3.2　文件的打开和关闭

1. 打开文件

在编辑 Word 文档时，大家会先打开文件，然后用 C++ 对文件进行编辑。而 C++ 打开文件的方式有多种，下面是两种常用的打开方法。

（1）分步完成。

①定义一个文件流对象，以输出为例：ofstream outfile。

②使流对象与被操作文件建立关联，如"oufile.open(" 文件名 ", 输入 / 输出方式);"。

（2）定义流对象时，制定打开方式。

"ostream outfile(" 文件名 ", 输入 / 输出方式);"，这种方式与前一种的作用相同，且操作方便。具体的文件输入 / 输出方式及其作用见表 10-3。

表10-3　文件输入/输出的方式及其作用

方式	作用
ios::in	以输入方式打开文件
ios::out	以输出方式打开文件
ios::app	以输出方式打开文件，数据添加在文件末尾
ios::ate	打开已有文件，文件指针指向文件末尾
ios::trunc	打开一个文件，如果存在，删除其内容；如果不存在，建立新文件
ios::binary	以二进制方式打开一个文件
ios::out|ios::binary	以二进制方式打开一个输出文件
ios::in|ios::binary	以二进制方式打开一个输入文件
ios::in|ios::out	建立输入/输出文件，文件可读可写

2. 关闭文件

当完成对文件的操作后，关闭文件时，就会用到成员函数 close，例如"outfile.close();"。关闭文件实质上是使 coutfile 流对象取消与此文件的关联，取消关联后才可以与其他文件建立关联。如果需要同时操作两个文件，则可以建立两个流对象。

10.3.3　文件操作

对文件的操作可以分为读、写两种方式，跟 cin、cout 一样，要用到提取运算符（>>）

和插入运算符（<<）。例如：定义一个输出流对象"ofstream outfile(文件名 ,ios::out)"并关联后，要对文件输出字符串"hello world!"，就需要输入代码"outfile<<"hello world!""。

【例10.11】对储存了 5 个同学姓名的文件进行读取，读取到每个名字时用键盘输入该同学的成绩，最后把成绩输出到文件对应的名字后面。如图 10-2 所示。

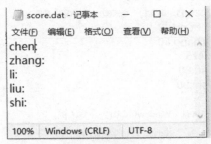

图10-2　对储存了姓名的文件进行读取

相应代码如下：

```cpp
#include<iostream>
#include<fstream>
#include<string>
using namespace std;
int main()
{
    string name;
    float score;
    fstream infile,outfile;
    infile.open("score.txt",ios::trunc);
    for(int i=0;i<2;i++)
    {
        cout<<" 请输入第 "<<i<<" 位学生的姓名 "<<endl;
        cin>>name;
        infile>>name;
        cout<<" 请输入第 "<<i<<" 位学生的成绩 "<<endl;
        cin>>score;
        infile>>score;
    }
    infile.close();
    return 0;
}
```

修改的文件内容为：

```
chen:100
zhang:60
li:75
liu:80
```

shi:90

知识点拨： 例 10.11 的程序中定义两个流对象，先后与文件建立关联，读取文件的人名后输入成绩，并储存到 score 里。最后用输出流对象输出到文件里，操作后的文件如图 10-3 所示。

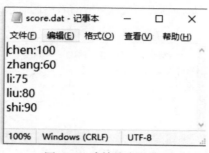

图10-3　成绩输出示意

注意： 上述方法适用于可执行文件（.exe）和数据文件（.dat）在一个文件夹的情况，如果不在一个文件夹，在建立关联时要加上数据文件的位置，例如："oufile.open("C:\Windows\Boot\score.dat",ios::out)"。

本章习题

1. 编写程序，输出 ASCII 码值从 20 到 127 的 ASSII 码字符表，格式为每行 10 个。

2. 编写实现以下数据的输入和输出：

（1）以左对齐的方式输出整数，宽为 12。

（2）以八进制、十进制、十六进制输入 / 输出整数。

（3）以浮点数的指数格式和定点格式输入 / 输出，并指定精度。

3. 打开磁盘文件 "file.dat"，并向文件中输入学生的 name、sex、age、address、score 等信息。

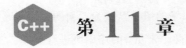

第11章

命名空间和异常处理

11.1 命名空间

11.1.1 命名空间的含义

假设两位名字相同的同学碰巧被分配到同一个班级里，当老师上课点名叫同学起来回答问题，刚好叫到他们的名字时，会出现一个尴尬的情况：由于不知道老师究竟想叫哪位同学，这两位同学都会站起来。所以，为了避免出现这种情况，无论老师还是其他同学，之后在与这两位同学进行沟通交流时，都会对他们的名字加以区分。比如根据他们的出生时间加以区分。

在程序中，有时也会出现相同的问题，即两个或多个同名实体（变量、函数或类等）存在于同一个作用域内，造成了同名冲突。

接下来，本章将通过一个变量名冲突的例子（见例11.1），引入命名空间。

【例11.1】通过以下程序展示变量名冲突的问题。

具体代码如下：

```cpp
#include<iostream>
using namespace std;
int main()
{
    int a;
    a=1;
    a=2;
    cout<<"a="<<a<<endl;
    getchar();
    return 0;
}
```

程序运行结果为：

```
a=2
```

知识点拨：在例 11.1 中，程序只输出了 a 最后被赋予的值，默认为后面的值覆盖了前面的值。如果要把这两个 a 的值都输出，则需要对这两个常量 a 的作用域进行划分。

命名空间是用户根据自己的需求来命名的作用域，通过使用命名空间名对命名空间成员进行限定，以区别不同的命名空间中的同名标识符。这时，变量 A 既可以在命名空间 B 中，也可以在命名空间 C 中，通过这种方式就可以解决程序中的同名冲突问题。

在使用命名空间时，需要注意以下几点。

（1）不能在函数内直接定义命名空间。

（2）只能在全局范围内定义命名空间，而不能在局部定义命名空间。

（3）命名空间内可以嵌套命名空间。

（4）命名空间中可以存放变量和函数。

（5）在声明一个命名空间时，花括号内可以包含变量、常量、函数、结构体、类、模板、命名空间（命名空间的嵌套）。

11.1.2 命名空间的作用

针对例 11.1 中出现的同名冲突问题，例 11.2 做了修改。

【例 11.2】通过使用命名空间来解决同名冲突，并同时输出两个 a 的值。

相应代码如下：

```cpp
#include<iostream>
using namespace std;
namespace b
{
    int a=1;
}
int main()
{
    int a;
    a=2;
    cout<<"a="<<b::a<<endl;
    cout<<"a="<<a<<endl;
    getchar();
    return 0;
}
```

也可以将 a 放在自己定义好的两个命名空间 b 和 c 中，如下：

```cpp
#include<iostream>
using namespace std;
namespace b
{
```

```
        int a=1;
    }
    namespace c
    {
        int a=2;
    }
    int main()
    {
        int a;
        cout<<"a="<<b::a<<endl;
        cout<<"a="<<c::a<<endl;
        getchar();
        return 0;
    }
```

程序运行结果为：

```
a=1
a=2
```

知识点拨： 通过例 11.2 的程序可以看出，为解决同名冲突的问题，C++ 引入了命名空间。在对命名空间成员 a 进行限定时，使用命名空间 b 和 c 来区别两个命名空间中的同名标识符 a，以达到用两个不同的命名空间定义两个名称相同的变量的目的。系统不仅能够区分它们，还能在运行时互不干扰，准确输出结果。

综上所述，命名空间利用命名空间名限定了命名空间成员，达到了区分命名空间中同名标识符的目的，继而在不同的命名空间定义名称相同的实体。在使用命名空间成员时，必须加上命名空间名和作用域分辨符（∷）。

11.1.3　标准命名空间

为了解决不同库之间出现的命名冲突的问题，一般情况下，要将相同的标识符分别定义在不同的命名空间中，以保证程序的正常运行。自定义的库，可以将标识符放在自定义的命名空间中，但 C++ 标准库中的标识符也可以根据自己的需求放在自定义的命名空间中吗？当然不可以，既然是 C++ 标准库，那么，C++ 也定义了相应的标准命名空间，即名为"std"的命名空间，如标准头文件中的函数、类、对象和类模板，就是在命名空间 std 中定义的。

接下来，本章将对标准命名空间的使用进行详细分析。

程序员在编写程序时，一般都会在头文件下面写这样一条语句："using namespace std;"，带着为什么要写这条语句的疑问，我们来分析下面的这个程序。

【例 11.3】通过使用标准命名空间"using namespace std;"，输出 3 个名称相同的成绩。

相应代码如下：

```
#include <iostream>
using namespace std;
namespace a
{
    int score=99;
}
namespace b
{
    int score=98;
}
int main()
{
    int score;
    score=97;
    cout<<"a::score="<<a::score<<endl;
    cout<<"b::score="<<b::score<<endl;
    cout<<"score="<<score<<endl;
    getchar();
    return 0;
}
```

程序运行结果为：

```
a::score=99
b::score=98
score=97
```

知识点拨：例 11.3 的程序中同时出现了 3 个 score，99 分的成绩被限定在命名空间 a 中，98 分的成绩被限定在命名空间 b 中，97 分的成绩在 main 函数中被定义。在输出结果时，通过使用命名空间名和作用域标识符，将 3 个 score 的值准确输出。但在使用 cout 标识符时，又出现了 3 个 cout，而且没有限定命名空间，那么为什么程序运行时没有报错？这是因为 cout 标识符是 C++ 标准库中的标识符，在头文件下面加的语句"using namespace std;"中，std 就是 cout 标识符的命名空间，表示 cout 标识符是在程序中作为全局变量来使用的。所以使用 cout 时，没有像使用 score 那样，在前面用各自的命名空间加以限定区分。

对于一个大工程来说，代码量非常大，使用的变量也很多。这时，若要求程序员编写的程序中不能出现两个相同的变量，就有些困难了。所以，在代码多的程序中，使用"using namespace std;"将 C++ 标准库中的标识符限定在命名空间 std 中。通过使用"using namespace"语句对命名空间 std 进行声明的方式，可以将命名空间 std 中的标识符当作全局变量来使用，且使用起来非常方便，不必对每个命名空间中的变量进行逐个处理，极大地减少了程序的运行工作量，提高了效率。

不仅如此，还可以使用 using 关键字，将 C++ 标准库中的标识符限定在命名空间 std 中（见例 11.4）。

【例 11.4】通过使用 using 关键字，输出 3 个名称相同的成绩。

相应代码如下：

```
#include <iostream>
using std::cout;
using std::endl;
namespace a
{
    int score=99;
}
namespace b
{
    int score=98;
}
int main()
{
    int score;
    score=97;
    cout<<"a::score="<<a::score<<endl;
    cout<<"b::score="<<b::score<<endl;
    cout<<"score="<<score<< endl;
    getchar();
    return 0;
}
```

程序运行结果为：

```
a::score=99
b::score=98
score=97
```

除此之外，也可以使用最基础的办法，即直接指定标识符，将 C++ 标准库中的标识符限定在命名空间 std 中（见例 11.5）。

【例 11.5】通过直接指定标识符，输出 3 个名称相同的成绩。

相应代码如下：

```
#include <iostream>
namespace a
{
    int score=99;
}
namespace b
{
    int score=98;
}
int main()
{
```

```
        int score;
        score=97;
        std::cout<<"a::score="<<a::score<< std::endl;
        std::cout<<"b::score="<<b::score<< std::endl;
        std::cout<<"score="<<score<< std::endl;
        getchar();
        return 0;
}
```

程序运行结果为：

```
a::score=99
b::score=98
score=97
```

知识点拨： 通过例 11.3、例 11.4、例 11.5 的程序对比分析，可以发现例 11.4、例 11.5 的程序明显没有例 11.3 的程序简捷。在例 11.4 中，使用 using 关键字对每一个需要使用的标识符提前声明，限定在 std 命名空间中，但随着 C++ 标准库中的标识符增多，前面声明部分的代码就会变得复杂。在例 11.5 中，使用 cout 和 endl 时，需要对每一个 cout 和 endl 前面使用相同的命名空间 std 以及作用域分辨符加以限制，增加了程序员的工作量。

11.1.4　自定义命名空间

自定义命名空间，是指通过限定两个或多个同名的实体的作用域，以避免命名冲突。它的使用方法与上一节讲的标准命名空间一致，只不过标准命名空间是 C++ 定义的，用来限制 C++ 标准库里的标识符作用范围，而自定义命名空间需要程序员根据自己的需要来设置命名空间，将同名的实体划分成不同的作用域。

C++ 中定义命名空间的形式为：

```
namespace 命名空间 {}
```

大括号内的为命名空间的成员，可以为常量、变量、类、结构体、模板等。

例如：

```
namespace Student
{
        float score=0;
        void subject()
        {
        }
……
}
Student::score;
Student::subject();
```

这些命名空间内的成员都是全局变量，不是局部变量，只不过是将其隐藏在指定的命名空间中。

通常情况下，命名空间有以下 3 种使用方式。

（1）使用作用域标识符，即"命名空间名 :: 成员名"，如 "student::age"。

（2）使用using关键字将命名空间中成员名引入，即"using 命名空间名::成员名"，如 "using student::age"。

（3）使用 using namespace 将命名空间名引入，即"using namespace 命名空间名"，如 "using namespace student"。

11.2　异常处理

11.2.1　常见错误分析

C++ 作为一种面向对象的编程语言，发展至今，功能越来越强大，已经成为一种解决实际问题的工具。在 C++ 程序中，常见的异常情况有两大类：第一类是语法错误，也就是出现了错误的语句。对于初学者而言，一般容易出现字符错误或缺失、变量未声明、重复定义、返回值返回错误等问题，会导致编译程序报错而无法进行，如图 11-1 和图 11-2 所示。

行	列	单元	信息
		E:\main.cpp	In function 'int main()':
5	8	E:\main.cpp	[Error] expected ';' before 'return'

图11-1　字符缺失

行	列	单元	信息
		E:\main.cpp	In function 'int main()':
7	7	E:\main.cpp	[Error] 'a' was not declared in this scope
7	10	E:\main.cpp	[Error] 'b' was not declared in this scope

图11-2　变量未声明

这类情况很好解决，根据报错的提示便可以找到指定的错误行并进行修改，就可以收到编译成功的提示了，如图 11-3 所示。

```
--------
- 错误: 0
- 警告: 0
- 输出文件名: E:\main.exe
- 输出大小: 1.831934928869404 MiB
- 编译时间: 0.47s
```

图11-3　编译成功的提示

第二类是运行时的错误，常见的有文件打开失败、数组下标溢出、系统内存不足，等等。

对于初学者来说，程序运行时常会碰到以下异常情况。

（1）进行除法运算时，除数为 0。

（2）输入年龄或学号时输入了负值。

（3）用 new 运算符动态分配空间时，空间不够导致无法分配。

（4）访问数组元素时，下标越界。

（5）打开文件读取时，文件不存在。

在调试的过程中，这类错误是最麻烦的。因为编译出现错误时，编译器可以自动检查出问题，但运行中出现错误时，大多数编译器无法检查出问题，需要用户自己检查并纠错。如果没有及时发现并加以处理，其引发的算法失效、程序运行无故停止等问题，很可能会导致程序崩溃、死机。

11.2.2　程序调试

通过学习上一节的内容可以知道，在程序中通常会出现两种异常情况：语法错误和运行错误。目前针对程序出现的运行错误情况，C++ 建立了较完善的异常处理机制。那么，当遇到异常情况时，程序将如何运行以及输出怎样的结果呢？接下来，我们将通过下面的示例进行分析。

【例 11.6】从键盘输入两个数 a 和 b，求商（a/b）的大小。只有当 b 不为 0 时才能输出正确的商。设置异常处理，对不符合条件的输出警告信息，不予计算。

未设置异常处理的代码如下：

```cpp
#include <iostream>
#include <cmath>
using namespace std;
int main( )
{
    double division(double,double);      // 函数声明
    double a,b;
    cin>>a>>b;                           // 输入两个整数
    cout<<division(a,b)<<endl;           // 调用 division 函数
    cin>>a>>b;
    return 0;
}
    double division(double a,double b)   // 定义除法函数
{
    double c;
    c=a/b;
    getchar();
```

```
    return c;
}
```

程序运行结果为:

```
输入两个整数:
4   2
输出结果:
2
输入两个整数:
0   5
输出结果:
0
输入两个整数:
5   0
输出结果:
1.#INF
```

知识点拨: 从例 11.6 的输出结果可以看出,当输入 b 的值为 0 时,该程序的结果显示异常。为了保证程序的可靠性,需要对程序中可能存在的异常情况进行处理。我们知道,在除法运算中,仅对除数有要求,即除数不为 0,也就是本题中的 b 不为 0。这就需要进一步修改和完善程序,在函数 division 中对除数 b 进行检查,若不符合条件,就抛出异常信息,并进行相应处理。

设置异常处理后的代码如下:

```cpp
#include <iostream>
#include <cmath>
using namespace std;
int main( )
{
    double division(double,double);     // 函数声明
    double a,b;
    cin>>a>>b;                          // 输入两个整数
    try
    {
        cout<<division(a,b)<<endl;      // 调用 division 函数
        cin>>a>>b;
        return 0;
    }
    catch(double)                       // 对异常信息进行处理
    {
        cout<<"b="<<b<<",Error!"<<endl;
        cout<<"end"<<endl;
    }
}
double division(double a,double b)      // 定义除法函数
{
    double c;
    if(b==0)
```

```
        throw a;                        // 当 b=0 时，抛出异常信息
        c=a/b;
        getchar();
        return c;
}
```

程序运行结果为：

```
输入两个整数：
4   2
输出结果：
2
输入两个整数：
0   5
输出结果：
0
输入两个整数：
5   0
输出结果：
b=0, Error！
end
```

知识点拨： 比较例 11.6 的前后两个程序代码可以看出，修改后的程序中添加了 "try-catch" 块和 throw 语句，解决了之前的结果显示异常的问题。即 b=0 时，输出了警告信息，不予计算。在下一节中，将会详细讲到如何在主函数中使用 "try-catch" 块和 throw 语句处理运行过程中出现的异常情况。

11.2.3　异常处理的方法

在第 11 章 11.2.1 中提到过，如果运行时出现错误，且没有及时发现并加以处理，其引发的算法失效、程序无故停止等问题，很可能会导致程序崩溃、死机。因此，C++ 引入异常处理机制。其工作机理是：如果运行到 A 函数出现错误时，可以不在 A 函数内处理，而是抛出异常信息，由相应的上级捕捉到信息后进行异常处理。如果它的上一级 B 函数也无法处理这个异常信息，则再往上传送，直到异常信息得到解决。如果到 main 函数一级还是无法处理异常信息，那只能终止程序的运行。

异常处理机制实现了将问题检测和问题处理相分离，不仅节省了程序员人工检错的时间，提高了编写代码的效率，也极大地提高了程序的运行效率。

在 C++ 中，通常使用 try（检查）块、throw（抛出）块、catch（捕捉）块处理异常情况。程序运行时处理的具体过程如下。

先将需要检查的代码放入 try 块中，当程序正常运行且无误时，则不执行 catch 块，直接跳过 catch 块执行后面的语句。当程序运行发生异常时，通过 throw 块抛出异常信息，由上一级 catch 块捕捉异常信息。通常情况下，catch 块的参数为抛出信息的类型，

如果此时抛出的类型与 catch 块要捕捉的类型一致，就开始进行相应的异常处理，然后继续执行 catch 语句以及后面的语句。

这里仍以例 11.6 设置异常处理后的代码为例：try 块中包含需要进行检查的 division 函数。当 b 不为 0 时，try 块内的程序正常运行且无误，此时 throw 语句不会抛出异常信息。因此，catch 块内的语句也不会执行，程序正常输出 a/b 的值。当程序在 try 块中运行出现异常时，即 b 为 0 时，由上一级 throw 语句抛出异常信息，此时抛出的类型为 double，与 catch 块要捕捉的类型一致。这时，便开始相应的异常处理，执行 catch 块内的语句，程序输出"b=0, Error！end"。

通过程序可以看出，throw 语句的格式为：

```
throw 表达式 ;
```

try-catch 块的格式为：

```
try
{
                        // 运行时可能会出现异常的语句 ;
……
}
catch( 类型名 [ 形参名 ])
{
                        // 对异常进行处理的语句 ;
……
}
```

在使用 try、catch、throw 时应注意以下几点。

（1）将需要检查的语句（即可能运行时出现异常的语句）放在 try 块中，否则无法对其进行检查。

（2）try 块可以单独使用，即对语句只进行检查操作，当运行出现异常时，不进行处理。但 catch 块不能单独使用，只能与 try 块配合使用。

（3）即使只有一条语句，try 块和 catch 块中的语句也需要用大括号括起来。

（4）throw 块抛出的异常类型不仅可以是例 11.6 中的 double 类型，也可以是任何类型，用户根据自己的所需进行设置即可。

（5）一个程序中只能有一个 try 块，但可以同时存在多个 catch 块。try 块检查出异常，且 throw 块抛出异常信息时，程序会匹配相应的 catch 块。一个程序中存在多个 catch 块时，可以分别针对不同类型的异常信息进行处理，这极大地减少了程序量，提高了编程效率。

（6）try-catch 块和 throw 块可以不在一个函数中。当 throw 块抛出一个异常信息时，程序先在本函数内匹配相应的 catch 块，若匹配不到，则将此异常信息传递到上一级，与上一级的 catch 块进行匹配，直到异常信息得到处理。如果 throw 块抛出的异常信息无法找到匹配的 catch 块，程序将调用 C Standard Library 中的 terminate() 函数，终止程序的运行。

下面通过例 11.7 加深对 C++ 的异常处理机制的理解。

【例 11.7】输入年份 a，判断 a 是否为闰年。只有当 a 满足 "(a%4==0&&a%100!=0||a%400==0)" 时，a 才为闰年。

在程序中设置异常处理，对不符合条件的输出提示词 "this is not a leap year!"。

相应代码如下：

```cpp
#include <iostream>
#include <cmath>
using namespace std;
void leap(int a)
{
    if (a%4==0&&a%100!=0||a%400==0)
        {
            cout<<a<<",this is a leap year!"<<endl;
        }
    else
    throw a;
}

int main()
{
    int a;
    cout<<" 输入年份 :"<<endl;
    cin>>a;
    try
    {
        leap(a);
    }
    catch (int)
    {
        cout<<a<<",this is not a leap year!"<<endl;
    }
    return 0;
}
```

程序运行过程为：

```
输入年份 :
2020
输出结果 :
2020, this is a leap year!          // 显示 2020 年为闰年
输入年份 :
2021
输出结果 :
```

2021, this is not a leap year!	// 显示 2021 年不是闰年

知识点拨：例 11.7 的程序先从主函数开始运行，运行到 try 块时，对 leap 函数进行检查。若 a 满足闰年的条件，则直接返回 a 的值，跳过 catch 块，程序结束；若 a 不满足闰年的条件，throw 块将抛出 int 型的异常信息，与 catch 块进行匹配。匹配成功后，开始运行 catch 块里的内容，输出"a,this is not a leap year!"，程序结束。

通过对例 11.6 和例 11.7 的分析，相信大家已经了解了 C++ 的异常处理机制，以及对 try 块、catch 块、throw 块的使用有了深入的认识。

异常处理机制在程序的运行中起着至关重要的作用，它有效预防了程序运行时异常停止、电脑崩溃、死机等现象的发生，保证了程序结果的正确输出。

本章习题

1. 与旧版本的头文件相比，引入命名空间有什么好处？

2. 任何一个命名空间里的成员都是全局变量吗？

3. 异常处理机制的机理是什么？简单地用流程图表示。

4. 从键盘输入 1 个一元二次方程，并求解一元二次方程的根。设置异常处理机制，当没有实根时，抛出异常信息，发出警告信息，不予计算。

5. 从键盘输入 3 个数值，判断能否组成三角形，并求出三角形的周长。设置异常处理机制，当不能组成三角形时，抛出异常信息，发出警告信息，不予计算。

习题答案

第 1 章　习题答案

1. C++ 语言是由 C 语言发展而来的，与 C 语言兼容。C++ 语言保留了 C 语言原有的所有优点，增加了面向对象的机制。C++ 语言既可用于面向过程的结构化程序设计，又可用于面向对象的程序设计，是一种功能强大的混合型的程序设计语言。

2. 抽象、封装、继承、多态。

3. 参考代码如下：

```
#include <stdio.h>              // 预处理指令
int main()                      // 程序在此处开始执行
{
    printf(" 你好 , 中国 !\n");    // C 语言输出
    cout << " 你好 , 中国 !";       // C++ 语言输出
    return 0;
}
```

第 2 章　习题答案

1.（1）错误。（2）错误。（3）错误。（4）错误。（5）错误。（6）正确。

2.

（1）参考代码如下：

```
#include<stdio.h>
#include<math.h>

int main()
{
    printf(" 请输入一个整数 \n");
    int a;
    scanf("%d",&a);
    int b=a*a;
    float c=sqrt(float(a));
    printf(" 平方和为 :%d\n", b);
    printf(" 平方根为 :%f\n", c);
    return 0;
}
```

（2）参考代码如下：

```
#include<stdio.h>
#include <string.h>

int main()
{
    char str1[]="Helloworld";
    int lenght=strlen(str1);
    for(int i=0; i<lenght; i++)
    str1[i]=str1[i]+2;
    printf("%s\n",str1);
    return 0;
}
```

（3）参考代码如下：

```
#include<stdio.h>

int main()
{
    int array[10] = { 0 };
    int temp;
    printf(" 请输入 10 个整数 :\n");
    for (int i = 0; i < 10; i++)
    {
        scanf("%d", &array[i]);
    }
    // 采用冒泡法对数组排序,
    for (int i = 0; i < 9; i++)
    {
        for (int j = 0; j < 9 − i; j++)
        {
            if (array[j] > array[j + 1])
            {
                temp = array[j];
                array[j] = array[j + 1];
                array[j + 1] = temp;
            }
        }
    }
    for (int i = 0; i < 10; i++)
    {
        printf("%d\n", array[i]);
    }
}
```

（4）参考代码如下：

```
#include<stdio.h>
#include <string.h>
```

```
int main()
{
    printf(" 请输入 3 个整数值 \n");
    int a, b, c;
    scanf("%d %d %d", &a, &b, &c);
    int d=a>b?a:b;
    int e=d>c?d:c;
    printf(" 最大值 =%d\n", e);
    return 0;
}
```

（5）参考代码如下：

```
#include <stdio.h>
int main()
{
    int i,j;
    for(i=1;i<=9;i++)
    {
        for(j=1;j<=9;j++)
        printf("%d*%d=%2d\t", i, j, i*j);
        printf("\n");
    }
    return 0;
}
```

第 3 章　习题答案

1. 参考代码如下：

```
#include<stdio.h>
#include <string.h>
#define PI 3.1415

int main()
{
    int radius=3;
    float area=PI*radius*radius;
    float perimeter=2*PI*radius;
    printf(" 面积 =%f\n", area);
    printf(" 周长 =%f\n", perimeter);
    return 0;
}
```

2. 参考代码如下：

```
#include<stdio.h>
```

```
#include <string.h>
#include <math.h>
#define S(a,b,c) (a+b+c)/2.0
#define AREA(s,a,b,c) sqrt(s*(s−a)*(s−b)*(s−c))

int main()
{
    int a=2;
    int b=4;
    int c=3;
    float s=S(a,b,c);
    float area=AREA(s,a,b,c);
    printf(" 面积 =%f\n", area);
    return 0;
}
```

3. 参考代码如下：

```
#include<stdio.h>
#include <string.h>
#include <math.h>

int main()
{
    printf(" 请输入一个整数 \n");
    int a;
    scanf("%d", &a);
    float c=sqrt(float(a));
    printf("c=%f\n", c);
    if (int(c+0.5)==c)
    {
        printf(" 这个数是完全平方数 \n");
    }
    else
    {
        printf(" 这个数不是完全平方数 \n");
    }
    return 0;
}
```

4. 参考代码如下：

```
#include <stdio.h>
#include<math.h>

int main()
{
    float buffer[10];
    for(int i=0; i<=9; i++)
    {
        buffer[i]=sqrt(float(i+1));
    }
```

```
    FILE* pFile;
    pFile=fopen("myfile.dat" , "wb");                 // 打开文件写操作
    fwrite(buffer , 1 , sizeof(buffer) , pFile);      // 把浮点数组写到文件 myfile.dat
    fclose(pFile);                                     // 关闭文件
    return 0;
}
```

5. 参考代码如下：

```
#include <stdio.h>
int main()
{
    int sum=0;
    int i=1;
    int flag=1;

    // 使用 while 循环
    while(i<=100)
    {
        i++;
        sum+=i*flag;
        flag*=-1;
    }
    printf("Sum=%d\n",sum);
}
```

6. 参考代码如下：

```
#include <stdio.h>
int main()
{
    int a=0;                          // 素数的个数
    int num=0;                        // 输入的整数
    printf(" 输入一个整数 :");
    scanf("%d",&num);
    for(int i=2;i<num;i++)
    {
    if(num%i==0)
        {
            a++;                      // 素数个数加 1
        }
    }
    if(a==0)
    {
        printf("%d 是素数。\n", num);
    }
    else
    {
        printf("%d 不是素数。\n", num);
    }
    return 0;
}
```

7. 略。

8. 略。

第 4 章　习题答案

1. **参考代码如下：**

```c
#include<stdio.h>
#include<math.h>
//x1 为方程的第一个根，x2 为方程的第二个根
float x1, x2, disc, p, q;
void greater_than_zero(float a, float b)
{
    float m=sqrt(disc);
    x1=(-b + sqrt(disc)) / (2 * a);
    x2=(-b - sqrt(disc)) / (2 * a);
}

void equal_to_zero(float a, float b)
{
    x1=x2=(-b) / (2 * a);
}
void smaller_than_zero(float a, float b)
{
    p=-b / (2 * a);
    q=sqrt(-disc) / (2 * a);
}
int main()
{
    int a, b, c;
    printf(" 请输入 a b c:");
    scanf("%d %d %d", &a, &b, &c);

    printf(" 表达式为 : %d*x^2+%d*x+%d=0\n", a, b, c);
    disc=b*b - 4 * a*c;
    if (disc > 0)
    {
        greater_than_zero(a, b);
        printf("disc>0 的根为 :x1=%f   x2=%f\n", x1, x2);
    }
    else if (disc==0)
    {
        equal_to_zero(a, b);
        printf("disc==0 的根为 :x1=%f   x2=%f\n", x1, x2);
    }
    else
```

```
    {
        smaller_than_zero(a, b);
        printf("disc<0 的根为 :x1=%f+%f    x2=%f-%f\n", p, q, p, q);
    }
    return 0;
}
```

2. 参考代码如下：

```
#include<stdio.h>
int main()
{
    float score[5][3];
    for(int i=0; i<5; i++)
    {
        printf(" 请输入第 %d 个学生的 3 门课的成绩 \n",(i+1));
        for(int j=0; j<3; j++)
        {
            scanf("%f", &score[i][j]) ;
        }
    }
    float stu_averageScore[5]={0,0,0,0,0};
    float course_averageScore[3]={0,0,0};
    float sum1[3]={0,0,0};
    float sum2[5]={0,0,0,0,0};
    for(int i=0; i<5; i++)
    {

        for(int j=0; j<3; j++)
        {
            sum2[i]=sum2[i]+score[i][j];
            sum1[j]=sum1[j]+score[i][j];
        }
        stu_averageScore[i]=sum2[i]/5;
        printf(" 第 %d 个学生的平均成绩为 :%f\n", (i+1),stu_averageScore[i]);
    }

    for(int i=0; i<3; i++)
    {
        course_averageScore[i]=sum1[i]/3.0;
        printf(" 第 %d 门课的平均分为 :%f\n", (i+1),course_averageScore[i]);
    }
return 0;
}
```

3. 参考代码如下：

```
#include<stdio.h>
int max3(int a, int b, int c)
{
    int d=a>b?a:b;
    int e=d>c?d:c;
```

```
        return e;
    }

int main()
{
    int a1=3;
    int a2=4;
    int a3=5;
    int (*p)(int, int, int)=max3;
    int maxValue=(*p)(a1, a2, a3);
    printf(" 最大值 =%d\n", maxValue);
    return 0;
}
```

4. 参考代码如下：

```
#include<stdio.h>
int _max(int a, int b, int c)
{
    int d=a>b?a:b;
    int e=d>c?d:c;
    return e;
}
int _max(int a, int b)
{
    return(a>b?a:b);
}

int main()
{
    int a1=3;
    int a2=4;
    int a3=5;
    int maxValue1=_max(a1, a2, a3);
    printf(" 最大值 =%d\n", maxValue1);
    int maxValue2=_max(a1, a2);
    printf(" 最大值 =%d\n", maxValue2);
    return 0;
}
```

5. 参考代码如下：

```
#include<stdio.h>
void sort2int(int &a, int &b)
{
    if (a>b)
    {
        printf("%d, %d\n", a, b);
    }
    else
    {
        printf("%d, %d\n", b, a);
```

```
        }
    }
int main()
{
        int a1=3;
        int a2=4;
        sort2int(a1,a2);
        return 0;
}
```

6. 略。

第 5 章　习题答案

1. 参考代码如下：

```
#include<iostream>
#include <string>
using namespace  std;

class Goods
{
public:
        void setGoods(string n, float p, string r, string e)
        {
            name=n;
            price=p;
            releaseDate=r;
            expiryDate=e;
        }
        void showGoods();
private:
        string name;
        float price;
        string releaseDate;
        string expiryDate;
};

void Goods::showGoods()
{
    cout<<" 商品名称 :"<<name<<endl;
    cout<<" 价格 :"<<price<<endl;
    cout<<" 出厂日期 :"<<releaseDate<<endl;
    cout<<" 保质期 :"<<expiryDate<<endl;
}

int main()
```

```
{
    Goods g;
    g.setGoods(" 面包 ",8.5,"2021 年 1 月 1 日 ","12 个月 ");
    g.showGoods();
    return 0;
}
```

2. 参考代码如下：

```cpp
// 头文件 (worker.h):
#include<iostream>
#include <string>
using namespace  std;

class Worker
{
public:
    void setWorker()
    {
        cout<<" 请输入工人信息 "<<endl;
        cout<<" 姓名 :"<<endl;
        cin>>name;
        cout<<" 性别 :"<<endl;
        cin>>sex;
        cout<<" 年龄 :"<<endl;
        cin>>age;
        cout<<" 家庭住址 :"<<endl;
        cin>>address;
        cout<<" 工资 :"<<endl;
        cin>>wage;
    }
    void printWorker();
private:
    string name;
    char sex;
    int age;
    string address;
    float wage;
};

void Worker::printWorker()
{
    cout<<" 工人信息如下 :"<<endl;
    cout<<" 姓名 :"<<name<<endl;
    cout<<" 性别 :"<<sex<<endl;
    cout<<" 年龄 :"<<sex<<endl;
    cout<<" 家庭住址 :"<<age<<endl;
    cout<<" 工资 :"<<address<<endl;
}
// 源文件（ worker.cpp ）
#include "worker.h"
```

```
int main()
{
    Worker w;
    w.setWorker();
    w.printWorker();
    return 0;
}
```

3. 参考代码如下：

```cpp
#include <string>
#include <iostream>
#define  PI 3.14159
using namespace std;

class Cylider
{
public:
    void setCylider()
    {
        cout<<" 请输入圆柱体信息 :"<<endl;
        cout<<" 原点坐标 :"<<endl;
        cin>>xValue>>yValue;
        cout<<" 半径 :"<<endl;
        cin>>radius;
        cout<<" 高 :"<<endl;
        cin>>height;
    }
    float calArea()
    {
        float area=2*PI*radius*radius+2*PI*radius*height;
        return area;
    }
    float calVolume()
    {
        return (PI*radius*radius*height);
    }

private:
    int xValue;
    int yValue;
    int radius;
    int height;
};

int main()
{
    Cylider c;
    c.setCylider();
    cout<<" 圆柱体表面积 ="<<c.calArea()<<endl;
    cout<<" 圆柱体体积 ="<<c.calVolume()<<endl;
```

```
        return 0;
}
```

第6章 习题答案

1. 参考代码如下（注意构造函数的重载）：

```cpp
#include <string>
#include <iostream>
using namespace std;

class Student
{
public:
    Student()                                          // 默认构造函数
    {
        name=" 张三 ";
        sex='M';
        age=18;
        address=" 中国北京 ";
        score=89;
    }

    Student(string n, char s,int a, string add, float sc) // 普通构造函数
    {
        name=n;
        sex=s;
        age=a;
        address=add;
        score=sc;
    }
    Student(string n,char s,int a, string add, float sc):name(n),sex(s),age(a),address(a
    dd),
    score(sc){}                                        // 参数初始化表的构造函数
    Student(string n=" 张三 ",char s='M',int a=18,string add=" 中国北京 ",float sc=89)
    // 带默认参数的构造函数
    {
        name=n;
        sex=s;
        age=a;
        address=add;
        score=sc;
    }

    ~Student()
    {
        cout<<" 析构函数 "<<endl;
```

```
        }
        void show()
        {
            cout<<"name="<<name<<endl;
            cout<<"sex="<<sex<<endl;
            cout<<"age="<<age<<endl;
            cout<<"address="<<address<<endl;
            cout<<"score="<<score<<endl;
        }
private:
        string name;
        char sex;
        int age;
        string address;
        float score;
};
int main()
{
        Student s[2]={Student(" 张三 ",'M',28,"China", 95),
                     Student("Lucy",'F',24,"America", 89)};
        s[0].show();
        s[1].show();
        Student*p=s;
        p->show();
        p++;
        p->show();
        return 0;
}
```

2. 参考代码如下:

```
#include <string>
#include <iostream>
using namespace std;

class Rectangle
{
public:
        Rectangle(int w=2, int h=2):width(w),height(h){}
        void setValue(int w, int h)
        {
            width=w;
            height=h;
        }
        float calPerimeter()
        {
            return 2*(width+height);
        }
        float calArea()
        {
```

```
            return (width*height);
        }
private:
    int width;
    int height;
};

int main()
{
    Rectangle r;
    cout<<" 周长 ="<<r.calPerimeter()<<endl;
    cout<<" 面积 ="<<r.calArea()<<endl;
    return 0;
}
```

3. 参考代码如下：

```
#include <string>
#include <iostream>
using namespace std;

class Date
{
public:
    Date(int y=2020, int mo=1, int d=1, int h=20, int mi=30, int s=30 )
    {
        year=y; month=mo; day=d; hour=h; minute=mi; second=s;
    }
    void showDate()
    {
        cout<<year<<" 年 "<<month<<" 月 "<<day<<" 日 "<<hour<<" 时 "
        <<minute<<" 分 "<<second<<" 秒 "<<endl;
    }
private:
    int year;
    int month;
    int day;
    int hour;
    int minute;
    int second;
};

int main()
{
    Date d1;
    d1.showDate();
    Date d2(2021);
    d2.showDate();
    Date d3(2021,2);
```

```
    d3.showDate();
    Date d4(2021,2,5);
    d4.showDate();
    Date d5(2021,2,5,17);
    d5.showDate();
    return 0;
}
```

4. 参考代码如下：

```cpp
#include <string>
#include <iostream>
using namespace std;

class Date
{
public:
    Date(int y=2020, int mo=1, int d=1 )
    {
        year=y; month=mo; day=d;
    }
    void showDate()
    {
        cout<<year<<" 年 "<<month<<" 月 "<<day<<" 日 "<<endl;
    }
    ~Date()
    {
        cout<<" 调用析构函数 "<<endl;
    }
private:
    int year;
    int month;
    int day;
};

int main()
{
    Date d[3]={Date(1999,3,4),
                Date(2009,4,6),
                Date(2019,5,9)};
    for (int i=0; i<3; i++)
    {
        d[i].showDate();
    }
    return 0;
}
```

第7章　习题答案

1.（1）错误。（2）正确。（3）正确。（4）错误。（5）错误。（6）错误。（7）正确。（8）正确。（9）正确。（10）正确。（11）正确。（12）错误。（13）错误。（14）正确。（15）正确。

2. 参考代码如下：

```cpp
#include <string>
#include <iostream>
using namespace std;

class Teacher
{
public:
    Teacher(string n,int a, char s,string add, string tel, string t )
    {
        name=n; age=a; sex=s; address=add; telphoneNum=tel; title=t;
    }
    void display()
    {
        cout<<"name="<<name<<endl;
        cout<<"age="<<age<<endl;
        cout<<"sex="<<sex<<endl;
        cout<<"address="<<address<<endl;
        cout<<"telphoneNum="<<telphoneNum<<endl;
        cout<<"title="<<title<<endl;
    }
protected:
    string name;
    int age;
    char sex;
    string address;
    string telphoneNum;
    string title;
};

class Cadre
{
public:
    Cadre(string n,int a, char s,string add, string tel, string p )
    {
        name=n; age=a; sex=s; address=add; telphoneNum=tel; post=p;
    }
protected:
    string name;
    int age;
    char sex;
```

```
        string address;
        string telphoneNum;
        string post;
};

class Teacher_Cadre:public Teacher, public Cadre
{
public:
        Teacher_Cadre(string n,int a,char s,string add,string tel,string t,string p,float
sa):Teacher(n,a,s,add,tel,t),Cadre(n,a,s,add,tel,p)
        {
                salary=sa;
        }
        void show()
        {
                display();
                cout<<"post="<<post<<endl;
                cout<<"salary="<<salary<<endl;
        }
private:
        float salary;
};

int main()
{
        Teacher_Cadre tc("Lucy",40,'F',"America","210-5885466","Prof.", "Dean", 9999);
        tc.show();
        return 0;
}
```

第 8 章　习题答案

1. 程序输出结果为：

```
妈妈
女孩
男孩
```

2. 参考代码如下：

```cpp
#include<iostream>
#include<string>
using namespace std;
class Student
{
        virtual void isReachedStandard()=0;
};
```

```cpp
class boy:public Student
{
    float runTime;                    // 跑步时间
    int chinningNum;

public:
    boy(float t, int cn)
    {
        runTime=t;
        chinningNum=cn;
    }
    void isReachedStandard()
    {
        if (runTime<4.5||chinningNum>10)
        {
            cout<<" 合格 "<<endl;
        }
        else
        {
            cout<<" 不合格 "<<endl;
        }
    }
};

class Girl:public Student
{
    float runTime;                    // 跑步时间
    int sit_ups;

public:
    Girl(float t, int su)
    {
        runTime=t;
        sit_ups=su;
    }

    void isReachedStandard()
    {
        if (runTime>4.67||sit_ups>24)
        {
            cout<<" 合格 "<<endl;
        }
        else
        {
            cout<<" 不合格 "<<endl;
        }
    }
};

int main()
```

```
{
    boy b(10,12);
    b.isReachedStandard();
    Girl g(3,53);
    g.isReachedStandard();
    return 0;
}
```

3. 参考代码如下：

```
#include<iostream>
#include<string>
#define  PI 3.14159
using namespace std;
class Shape
{
    virtual float calPerimeter()=0;
};

class Square:public Shape
{
    int lenght;
public:
    float calPerimeter()
    {
        return 4*lenght;
    }
};

class Circle:public Shape
{
    int radius;
public:
    float calPerimeter()
    {
        return 2*PI*radius;
    }
};

int main()
{
    Square s(3);
    cout<<s.calPerimeter()<<endl;
    Circle c(5);
    cout<<c.calPerimeter()<<endl;
    return 0;
}
```

第 9 章　习题答案

1. 略。

2. 略。

3. 参考代码如下:

```
#include <iostream>
using namespace  std;
class Complex
{
private:
    int real;
    int image;
public:
    Complex(int r=0, int i=0)
    {
        real=r;
        image=i;
    }
    void showComplex()
    {
        if (image>0)
        {
            cout<<real<<"+"<<image<<"i"<<endl;
        }
        if (image<0)
        {
            cout<<real<<"−"<<abs(image)<<"i"<<endl;
        }
        if (image==0)
        {
            cout<<0<<endl;
        }
    }
    Complex& operator*(Complex& c1)
    {
        Complex c;
        c.real=real+c1.real + image*image;
        c.image=image*c1.real+real*c1.image;
        return c;
    }
};

int main()
{
    Complex c1(1,2),c2(3,−4);
    c1.showComplex();
    c2.showComplex();
```

```
        Complex c3=c1*c2;
        c3.showComplex();
        return 0;
}
```

4. 参考代码如下:

```
#include <iostream>
using namespace std;
class Time
{
private:
    int hour;
    int minute;
    int second;
public:
    Time(int h=0, int m=0, int s=0)
    {
        hour=h;
        minute=m;
        second=s;
    }
    void showTime()
    {
        cout<<hour<<":"<<minute<<":"<<second<<endl;
    }
    Time& operator+(int s)
    {
        second=second+s;
        if (second >=60)
        {
            minute++;
            if (minute>=60)
            {
                hour++;
                minute-=60;
            }
            second-=60;
        }
        return (*this);
    }
}
int main()
{
    Time t1(12,25,30);
    t1.showTime();
    Time t2=t1+35;
    t2.showTime();
    return 0;
}
```

第 10 章　习题答案

1. 参考代码如下：

```cpp
#include<iostream>
#include<iomanip>
using namespace std;
int main()
{
    int i,j=0;
    for(i=20;i<=127;i++)

    {
        cout<<(char)i;
        j++;
        if(j%10==0)
        cout<<endl;
    }
    printf("\n");
}
```

2. 参考代码如下：

```cpp
#include<iostream>
#include<iomanip>
using namespace std;
int main()
{
    int a=20;
    float b=123.56;
    cout<<setiosflags(ios::right)<<setw(12)<<a<<endl;
    cout<<oct<<a<<endl;
    cout.unsetf(ios::oct);
    cout<<a<<endl;
    cout<<hex<<a<<endl;
    cout.unsetf(ios::hex);
    cout.setf(ios::scientific);
    cout<<b<<endl;
    cout.unsetf(ios::scientific);
    return 0;
}
```

3. 参考代码如下：

```cpp
#include<iostream>
#include<string>
#include<fstream>
using namespace std;

int main()
{
```

```
        ofstream file;
        file.open("file.dat", ios::out);
        file<<"name:Zhang san"<<endl;
        file<<"age:16"<<endl;
        file<<"sex:M"<<endl;
        file<<"address:Beijing "<<endl;
        file<<"score:98"<<endl;
        file.close();
        return 0;
}
```

第 11 章　习题答案

1. 使用命名空间对命名空间成员进行限定，可以区别不同命名空间中的同名标识符，从而在不同的命名空间中定义相同名字的实体。所以，在一个程序中，即使有同名变量出现，但是由于这些同名变量分属不同的命名空间，对系统的正常运行也不会造成任何干扰。对于一个大项目的开发而言，引入命名空间不仅可以降低出错率，还会大大提高工作效率。

2. 是。

3. 系统在进行异常处理时，先将需要检查的代码放入 try 块中。当程序正常运行且无误时，catch 块不执行，直接跳过 catch 块执行后面的语句；当程序运行发生异常时，通过 throw 块抛出异常信息，由上一级 catch 块捕捉异常信息，若上一级无法处理这个异常信息，则再往上传送这个异常信息，直到异常信息得到解决。如果到 main 函数一级还是无法处理这个异常信息，就只能终止程序的运行。

4. 参考代码如下：

```
#include <iostream>
#include <cmath>
using namespace std;
int main( )
{
        double root(double,double,double);          // 函数声明
        double a,b,c;
        cin>>a>>b>>c;                                // 输入 3 个数值
        try
          {
                while(a!=0)
                {
                        cout<<root(a,b,c)<<endl;     // 调用 root 函数
                        cin>>a>>b>>c;
```

```
            }
        }
        catch(double)                                   // 对异常信息进行处理
        {
            cout<<" 函数无实根，请重新输入 !"<<endl;
        }
        cout<<"end"<<endl;
        return 0;
    }
double root(double a,double b,double c)            // 定义一元二次方程求实根的函数
{
    double r1,r2;
    r1=((-b)+sqrt(b*b-4*a*c))/(2*a);
    r2=((-b)-sqrt(b*b-4*a*c))/(2*a);
    if(b*b-4*a*c<0)
    throw a;                          // 当不满足函数有实根的条件时，抛出异常信息
    else
    {
        cout<<"r1="<<r1<<endl;
        cout<<"r2="<<r2<<endl;
    }
    return 0;
}
```

5. 参考代码如下：

```
#include <iostream>
#include <cmath>
using namespace std;
void main( )
{
    double triangle(double,double,double);          // 函数声明
    double a,b,c;
    cin>>a>>b>>c;                                   // 输入 3 个数值
    try
    {
        while(a>0&&b>0&&c>0)
        {
            cout<<triangle(a,b,c)<<endl;            // 调用 triangle 函数
            cin>>a>>b>>c;
        }
    }
    catch(double)                                   // 对异常信息进行处理
    {
     cout<<"a="<<a<<",b="<<b<<",c="<<c<<", 无法构成三角形，请重新输入 !"<<
endl;
    }
    cout<<"end"<<endl;
}                                                    // 定义三角形求周长的函数
double triangle(double a,double b,double c)
{
```

```
        double l;
        l=a+b+c;
        if(a+b<=c||a+c<=b||b+c<=a)
        throw a;              // 当不满足构成三角形的条件时，抛出异常信息
        getchar();
        return l;
}
```